LE
RÈGNE VÉGÉTAL
EN ALGÉRIE

CONSIDÉRATIONS GÉNÉRALES
SUR L'ALGÉRIE, SUR SA VÉGÉTATION SPONTANÉE
ET SES CULTURES

PAR

E. COSSON

De l'Institut

Conférence de l'Association scientifique de France
A LA SORBONNE, 3 AVRIL 1879

PARIS
IMPRIMERIE DE A. QUANTIN
7, RUE SAINT-BENOIT

1879

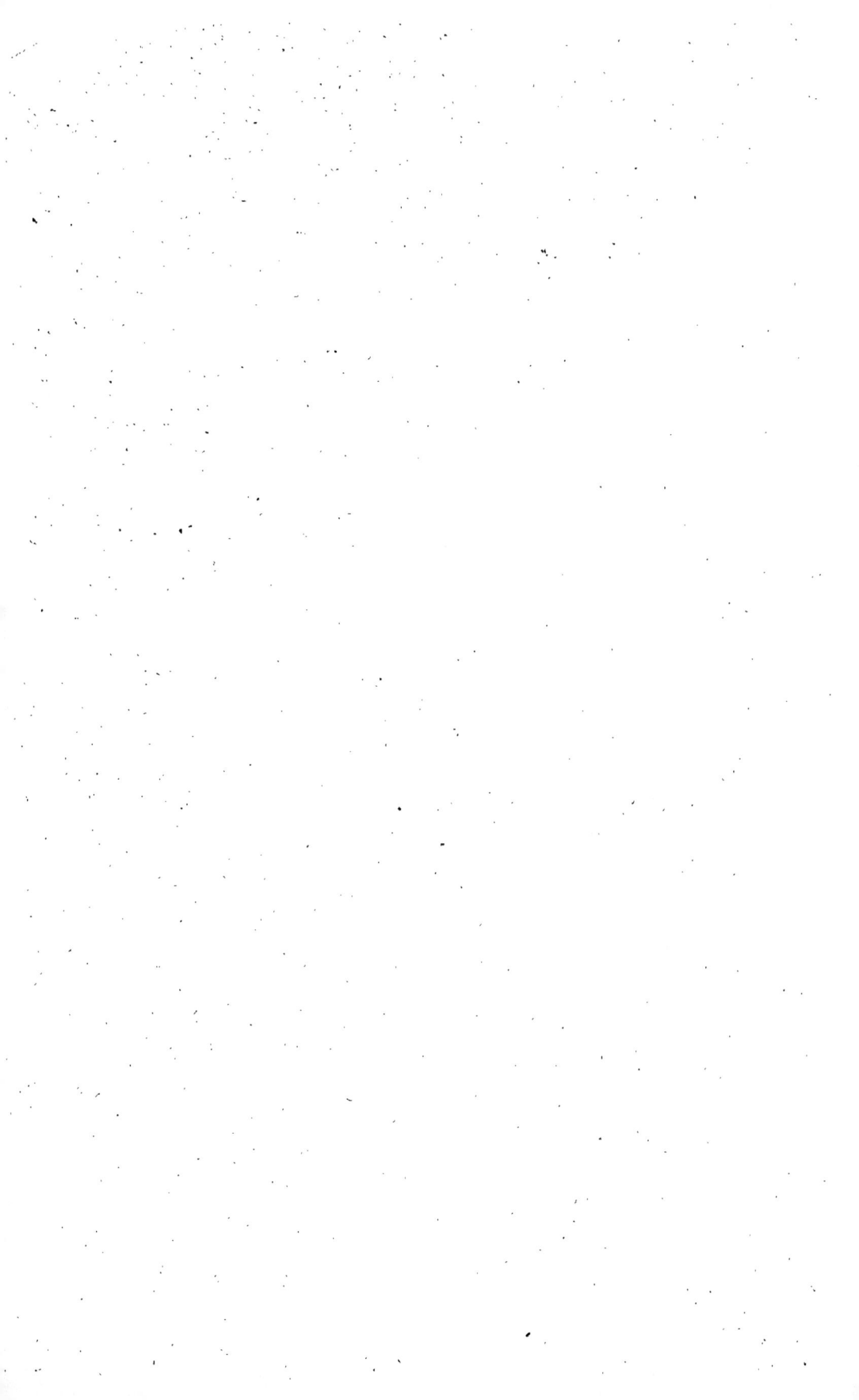

LE

RÈGNE VÉGÉTAL

EN ALGÉRIE

défavorablés pour la récolte des plantes. Appelé, comme botaniste, en 1852, à continuer les recherches et les travaux de la Commission, je me proposai, en profitant des progrès successifs de la soumission du pays, d'en explorer les diverses parties d'après un plan méhodique. Mes études de géographie botanique, la connaissance des flores de l'Europe, ainsi que celle de la plupart des contrées du bassin méditerranéen, de l'Orient et de l'Égypte, de l'Abyssinie, etc., étaient une utile préparation pour la mission dont j'étais chargé. — Pour réaliser le programme que je m'étais tracé, j'ai exécuté sous le patronage du Ministère de la Guerre, de 1852 à 1875, sept voyages scientifiques. Ces voyages ont compris presque l'ensemble du pays de l'est à l'ouest et du nord au sud, surtout les parties inexplorées ou les moins connues, même celles qui étaient de l'accès le plus difficile ou le plus dangereux. Les documents recueillis dans ces voyages ont reçu un notable accroissement par les communications des divers explorateurs du pays et des botanistes résidants avec lesquels je m'étais mis en relation. Aussi, le chiffre des espèces constatées en Algérie, qui, vers 1850, n'était que de 2 000, dépasse aujourd'hui 3 000. MM. Balansa, L. Kralik, A. Letourneux, P. Marès, V. Reboud, Warion et les regrettés H. de la Perraudière et Bourgeau, par le concours dévoué qu'ils m'ont donné dans mes explorations, ainsi que par leurs recherches personnelles, ont puissamment contribué à cette progression rapide du nombre des espèces de la flore. Indépendamment de la constatation de ces nouvelles richesses botaniques, nos voyages, dans le cours desquels toutes les espèces observées à chaque localité ont été rigoureusement enregistrées, m'ont mis à même d'établir par des données exactes la division du pays en régions naturelles telle que j'ai eu l'honneur de vous l'exposer. Les résultats obte-

études de géographie botanique. Vous savez d'ailleurs qu'il n'y existe pas de cours d'eau importants ; le Chelif et la Seybouse sont, en effet, presque les seuls qui puissent porter une barque ; la plupart ne sont même qu'intermittents, ce sont de véritables ravins desséchés tant que des pluies abondantes ne les convertissent pas en torrents dévastateurs. Ces conditions désavantageuses pour la navigation, car il en résulte en outre l'absence sur la côte de golfes profonds, soustraient les végétaux à une des principales causes de perturbation dans leur distribution primitive. Le botaniste est ainsi moins exposé, qu'en France et dans les autres contrées arrosées par de grands fleuves, à trouver réunies dans une même région les plantes qui lui sont propres associées à un grand nombre d'autres apportées par les eaux et qui y vivent en dehors de leur aire primitive.

L'Algérie, à la fin du siècle dernier, avait été explorée au point de vue botanique, mais partiellement, par Desfontaines et Poiret. Depuis cette époque jusqu'à sa conquête par la France, elle ne fut l'objet d'aucunes recherches scientifiques si ce n'est sur quelques points isolés. La Commission scientifique de l'Algérie, chargée de 1840 à 1844 de l'exploration du pays et représentée pour la botanique par Bory de Saint-Vincent et mon regrettable ami Durieu de Maisonneuve, dut nécessairement restreindre ses recherches dans les limites de l'occupation française. Durieu de Maisonneuve, malgré son ardeur audacieuse, n'avait pu aborder que quelques points de la Région Montagneuse et de la Région des Hauts-Plateaux, et les communications des nombreux correspondants, des médecins militaires dont il avait provoqué le concours et stimulé le zèle, ne lui avaient fourni que des documents bien incomplets sur ces régions et sur la Région Saharienne, abordées seulement par les expéditions militaires et à des saisons

depuis la frontière du Maroc jusqu'au nord de Msila, où elle se divise en deux branches. Des deux branches principales résultant de la bifurcation, l'une, au nord de Setif, vient se confondre avec les montagnes de Constantine; l'autre, s'inclinant vers le sud-est, se réunit vers Batna avec le massif des Monts Aurès. Il résulte de cette bifurcation de la chaîne que, dans la plus grande partie de la province de Constantine, les régions Montagneuse et des Hauts-Plateaux tendent à se confondre et que la limite sud de la Région Méditerranéenne n'est pas aussi nettement déterminée que dans les provinces d'Alger et d'Oran. Ici les Hauts-Plateaux sont caractérisés bien moins par une délimitation géographique que par l'altitude (700-1100 mètres), l'aspect particulier et le type de la végétation des vastes plaines dépourvues de bois qui les constituent. — Une seconde chaîne, presque parallèle à celle qui forme la limite nord des Hauts-Plateaux, passe au nord de Tyout, d'El-Abiod-Sidi-Cheikh, de Brezina, de Laghouat et de Biskra, et sépare au sud la Région des Hauts-Plateaux de la Région Saharienne (1). Au nord de cette chaîne méridionale, le Dattier n'est cultivé çà et là que comme arbre d'ornement et ne porte pas de fruits, tandis qu'au sud, et dès le pied même de ce relief montagneux, il est planté en vastes oasis et ses fruits deviennent l'une des bases principales de l'alimentation.

L'Algérie, en raison de la configuration orographique peu compliquée de son sol, est particulièrement favorable aux

_____

(1) La partie méridionale du Hodna, bien que située au nord de la chaîne et appartenant ainsi orographiquement à la Région des Hauts-Plateaux, doit être rattachée à la Région Saharienne, car les vents du sud, qui y pénètrent par de larges coupures, permettent la culture en grand du Dattier et déterminent l'existence de la plupart des plantes caractéristiques du Sahara.

Permettez-moi tout d'abord d'insister sur la position de l'Algérie relativement au continent européen ; ces notions géographiques élémentaires, si familières qu'elles vous soient, sont bonnes à rappeler en raison de leur importance au point de vue de la géographie botanique.

L'Algérie, ainsi que le montre la carte projetée sur le tableau, limite au sud la partie occidentale du bassin de la Méditerranée, circonscrite en Europe par les côtes de l'Espagne, de la France et de l'Italie. — Prise dans son ensemble, elle peut être considérée comme un massif montagneux à deux versants principaux, l'un septentrional, l'autre méridional. Le versant septentrional (Région Méditerranéenne, Tell) regarde la Méditerranée ; le versant méridional (Région Saharienne, Sahara algérien) s'incline vers les immenses plaines du grand désert africain, avec lesquelles il se confond au sud. Entre ces deux versants, de vastes steppes, d'une altitude moyenne de 700 à 1 100 mètres (Région des Hauts-Plateaux, Hauts-Plateaux), s'étendent sur le faîte déprimé du massif, faîte surmonté, sur quelques points seulement, de montagnes plus ou moins élevées. Ces reliefs montagneux, ainsi que ceux qui se rattachent géographiquement aux régions Méditerranéenne et Saharienne, forment de vastes chaînes ou des pics isolés, et souvent atteignent une altitude assez grande pour différer notablement, par leur climat et leurs productions naturelles, des parties voisines du pays, et pour pouvoir être considérés eux-mêmes comme une région naturelle (Région Montagneuse) (1).

La Région Méditerranéenne est séparée de la Région des Hauts-Plateaux par une grande chaîne dirigée obliquement du sud-ouest au nord-est. Vous voyez que cette chaîne s'étend

---

(1) Les plus hautes sommités dans les régions Méditerranéenne et des Hauts-Plateaux atteignent environ 2 300 mètres.

LE

RÈGNE VÉGÉTAL

EN ALGÉRIE.

MESDAMES, MESSIEURS,

Ma tâche serait bien aride si j'avais la prétention, comme botaniste, de vous exposer le tableau des richesses végétales de l'Algérie. Que de noms latins j'aurais à vous faire subir, que de détails techniques j'aurais à aborder! Aussi m'efforcerai-je, sans entrer dans ces détails, de vous donner une idée précise du règne végétal en Algérie et des lois qui y ont déterminé la répartition des espèces. J'indiquerai à grands traits la division du pays en régions naturelles, que le premier, vous me permettrez de le dire, j'ai nettement délimitées (1), en m'appuyant sur les données de la statistique botanique, sur celles de la géographie physique et du climat, qui jouent un rôle prédominant dans la distribution des plantes à la surface du globe. J'indiquerai en même temps les limites de ces régions, leurs caractères les plus saillants, leurs véritables affinités botaniques et les conclusions qui en découlent au point de vue de l'agriculture et de la colonisation.

---

(1) Voir Ad. Brongniart, *Rapport sur les progrès de la botanique phytographique*. Paris, 1868, p. 178-180.

LE
RÈGNE VÉGÉTAL
EN ALGÉRIE

CONSIDÉRATIONS GÉNÉRALES
SUR L'ALGÉRIE, SUR SA VÉGÉTATION SPONTANÉE
ET SES CULTURES

PAR

E. COSSON

De l'Institut

Conférence de l'Association scientifique de France

A LA SORBONNE, 3 AVRIL 1879

PARIS

IMPRIMERIE DE A. QUANTIN

7, RUE SAINT-BENOIT

—

1879

nus par cet ensemble de recherches ont une véritable importance scientifique et ont fourni d'utiles données pour l'agriculture et la colonisation ; aussi je tiens à établir la part
qui en revient à mes collaborateurs dévoués.

I

RÉGION MÉDITERRANÉENNE.

La Région Méditerranéenne doit à l'influence maritime qui peut s'exercer au loin, en raison du peu d'élévation et de la pente générale du sol, et à la direction des montagnes qui la garantissent des vents du sud, une uniformité et une douceur de température que l'on retrouve sur les points correspondants de l'Europe et dont ne jouissent pas les autres régions.

L'étude de la végétation de cette région et la comparaison de ses éléments avec ceux des contrées européennes du bassin méditerranéen permettent de constater, par les chiffres les plus probants, son analogie avec les parties correspondantes du littoral européen. Ainsi la Région Méditerranéenne de la province de Constantine (1) rappelle surtout la Sar-

(1) Les 434 espèces dont, en 1853, nous avons constaté l'existence sur le littoral de la province de Constantine, aux environs de Philippeville, se répartissent de la manière suivante au point de vue de la géographie botanique : Végétation européenne, 125; Région Méditerranéenne de l'Europe, 196; Région Méditerranéenne occidentale de l'Europe, 49; Espagne et Portugal, 11; Italie et Sicile, 20; Région Méditerranéenne orientale, 1; Orient, 3; Orient désertique, 2; Plantes spéciales, c'est-à-dire propres aux États barbaresques, Algérie, Tunisie, Maroc, 27. Si l'on fait la somme des espèces appartenant aux diverses

daigne, la Sicile, l'Italie et Malte; celle de la province d'Alger, le nord-est de l'Espagne, les Baléares et le midi de la France; celle d'Oran a les plus nombreux points de contact avec le midi et le sud-est de l'Espagne. En un mot, les affinités des divers points de la région Méditerranéenne de l'Algérie se produisent surtout suivant la longitude avec les parties les plus rapprochées du continent ou des îles de l'Europe, tandis que dans les Régions des Hauts-Plateaux et du Sahara les affinités suivant la latitude deviennent prédominantes.

Ces faits paraissent démontrer, et les données zoologiques et géologiques l'établissent également, que la Méditerranée, au moins dans sa partie occidentale, n'a occupé son lit actuel, en submergeant de vastes étendues de continents, que postérieurement à la distribution des êtres telle qu'elle existe à notre époque. C'est même à la vaste surface d'évaporation de cette mer intérieure que l'Algérie littorale doit un climat plus tempéré et des productions moins méridionales que si elle était reliée directement au continent européen. Entre Alger et Marseille et entre Marseille et les confins de la Belgique la distance kilométrique, prise au compas, sur le même méridien, est la même, et cependant quel contraste entre la végétation du nord de la France et de la Belgique et celle de Marseille. Entre Marseille et Alger, ce sont, au contraire, les analogies qui dominent, et ceux d'entre vous qui ont visité le midi de la France peuvent se faire une idée vraie de la Région Méditerranéenne de l'Algérie, au moins dans ses conditions moyennes. — La photographie projetée sur le tableau représente une partie de la montagne basse de la Bouzaréah, près

parties du bassin méditerranéen on voit que cette somme est de 277; en y ajoutant les 125 espèces d'Europe on obtient le total de 402 qui exprime les étroites affinités de la flore de Philippeville avec celle de l'Europe, les autres éléments n'étant représentés que par 32 espèces.

d'Alger. Vous y voyez une Koùba, ou tombeau de marabout, entourée de broussailles et d'arbres qui se retrouvent tous dans la France méridionale ; quant au Dattier, il n'est là qu'un arbre d'ornement comme ceux que vous avez pu admirer à Hyères, à Nice, etc.

C'est l'Olivier (*Olea Europæa*) cultivé en grand, ou croissant à l'état sauvage qui est l'espèce réellement caractéristique de la région. Il forme sur de nombreux points de véritables bois, dans lesquels il atteint souvent les dimensions de nos arbres forestiers.

Les essences forestières principales sont celles du midi de la France : le Chêne-vert (*Quercus Ilex*) ; le Chêne Liège (*Q. Suber*) qui forme des massifs étendus ; le Pin d'Alep (*Pinus Halepensis*) ; le Caroubier (*Ceratonia Siliqua*) ; le Micocoulier (*Celtis australis*), etc.

Parmi les arbres que l'on ne rencontre pas en France, je citerai le *Callitris quadrivalvis,* si connu sous le nom de Thuya pour la beauté du bois d'ébénisterie fourni par les loupes qui se développent souvent sur son tronc.

Quant aux principaux arbres fruitiers cultivés, ce sont ceux même du midi et du centre de la France : le Figuier, le Grenadier, l'Oranger, le Citronnier, l'Amandier, le Pêcher, les Pommiers, les Poiriers, etc.

Les broussailles sont composées de la plupart des espèces qui existent en Provence et dans le Languedoc : la Clématite odorante (*Clematis Flammula*), le Ciste de Montpellier (*Cistus Monspeliensis*), le Caprier (*Capparis spinosa*), le Myrte (*Myrtus communis*), le Lentisque (*Pistacia Lentiscus*), deux Genêts (*Genista candicans* et *G. linifolia*), la Bruyère en arbre (*Erica arborea*), le Laurier-Tin (*Viburnum Tinus*), le Romarin (*Rosmarinus officinalis*), le Chêne Kermès (*Quercus coccifera*), deux Genévriers (*Juniperus Phœnicea, J. Oxycedrus*), etc.

Le Palmier-nain (*Chamœrops humilis*), encore abondant dans la Région Méditerranéenne des provinces d'Oran et d'Alger, où pendant longtemps il a été un des plus grands obstacles au défrichement des meilleures terres, est relativement rare dans la province de Constantine. Cet arbuste donne au paysage un caractère qui rappelle peu celui du midi de la France; cependant il est répandu sur plusieurs points des contrées du bassin méditerranéen de l'Europe, et il existait il y a peu d'années encore, à l'état sauvage, à Nice d'où il n'a disparu que par la construction des nombreuses villas qui entourent la ville ou par sa transplantation dans les jardins.

Le Figuier-de-Barbarie (*Opuntia Ficus-Indica*) et l'Agavé (*Agave Americana*), vulgairement connu sous le nom impropre d'Aloès, acquièrent en Algérie leur complet développement; mais ces végétaux, d'origine américaine, sont maintenant universellement répandus dans toutes les parties chaudes du littoral méditerranéen de l'Europe.

Les données fournies par l'étude du règne animal ne démontrent pas d'une manière moins évidente l'uniformité dans les deux continents de la région caractérisée si nettement au point de vue botanique (1) par la culture en grand ou l'existence à l'état sauvage de l'Olivier. M. Bourguignat, dans son bel ouvrage (*Malacologie de l'Algérie*), établit que les Mollusques existant sur les côtes de l'Algérie et sur celles des parties correspondantes de l'Europe y sont répartis d'après les mêmes lois. M. Ch. Martins reconnaît que dans la Région Méditerranéenne l'unité zoologique est aussi évidente que l'unité botanique (Martins, *Du Spitzberg au Sahara*), et mon savant confrère M. Blanchard, dans une conférence qu'il a

---

(1) Le Portugal, les groupes des îles Canaries, de Madère et des Açores se rattachent par leur flore et leur faune à cette même région botanique.

faite dans cette enceinte, a insisté sur les analogies zoologiques des contrées qui bordent la Méditerranée; il a fait remarquer que nombre d'insectes, d'animaux sont communs à la Région Méditerranéenne de l'Europe et à celle de l'Algérie. Le Singe de l'Algérie (le Magot de Buffon, *Pithecus Inuus*), par exemple, est encore représenté à Gibraltar par un certain nombre de sujets. Le Caméléon (*Chamœleo cinereus*) se trouve à Cadix comme en Algérie. Le Lion, la Panthère, le Serval, l'Hyène, le Chacal, le Renard doré, la Genette de Barbarie n'existent plus, il est vrai, dit M. Ch. Martins, dans le midi de la France, mais leurs ossements s'y retrouvent dans les nombreuses cavernes qu'a explorées avec tant de persévérance et de succès le docteur Lartet.

Pour terminer cette rapide esquisse de la Région Méditerranéenne, il me reste à vous présenter sommairement les conséquences pratiques qui en découlent.

La partie de l'Algérie réellement appropriée à la colonisation et à la grande culture comprend l'ensemble de la Région Méditerranéenne, la Région Montagneuse inférieure et les points des Hauts-Plateaux situés au voisinage des montagnes ou facilement irrigables, et qui, placés dans des conditions d'humidité et d'abri contre les vents, jouissent d'un climat local analogue à celui de la Région Méditerranéenne elle-même. Par ses étroites affinités avec les contrées du midi ou du centre de l'Europe, cette partie de nos possessions algériennes sera toujours pour les Européens le centre principal de colonisation. Sa fertilité égale ou dépasse celle des contrées les plus favorisées du bassin méditerranéen, celle des Canaries, de Madère ou des Açores. Ses riches produits en céréales en feront le grenier d'abondance de la France, comme elle a été jadis, avec la Sicile, celui de Rome. A son climat tempéré conviennent surtout les animaux et les cultures du midi

et du centre de l'Europe, avec lesquels lui sont communes
la plupart de ses richesses agricoles et horticoles actuelles.
— On peut, il est vrai, y introduire avec succès de nombreux
végétaux exotiques, spécialement ceux de l'Australie (1) et du
Cap de Bonne-Espérance, qui font l'ornement de nos stations
hivernales de la Provence, de Nice, de Menton. Tous les voyageurs qui ont visité le magnifique Jardin d'essai d'Alger ont été
frappés des dimensions colossales que plusieurs espèces de

(1) La salubrité de la Région Méditerranéenne, même sur les points
récemment encore réputés comme les plus malsains, est aujourd'hui
assurée. Boufarik, par exemple, où jadis tant de colons ont succombé
aux influences paludéennes, est maintenant une belle ville dont la
population s'augmente de jour en jour. Ces importants résultats ont
été obtenus par l'extension des cultures, l'assainissement du sol qui
en est la conséquence, l'établissement de fossés et de plantations
d'arbres, mais surtout par les plantations de l'*Eucalyptus Globulus*
d'Australie. — Je vous rappellerai en quelques mots l'initiative si
désintéressée et si persévérante de M. Ramel, à laquelle est due l'introduction d'un arbre qui, dans toutes les régions où il ne gèle pas,
ainsi que dans celles où les gelées ne sont qu'exceptionnelles et temporaires, constitue une essence forestière de premier ordre, en même
temps que sa présence suffit pour assainir des lieux que des fièvres
meurtrières rendaient presque inhabitables. L'*Eucalyptus Globulus*
Labill. (Blue-Gum-Tree des anglo-australiens) a été découvert en
Tasmanie par Labillardière, le savant botaniste attaché à l'expédition envoyée en 1791 à la recherche de La Pérouse. — Labillardière
avait pressenti l'importance de sa découverte, mais l'*Eucalyptus Globulus* resta confiné dans les jardins botaniques jusqu'en 1854. C'est
à cette époque que M. Ramel, appelé en Australie, eut la pensée d'introduire cet arbre dans toutes les régions où il pourrait être accli-
maté. Il s'assura le concours de son ami, M. le baron F. de Müller,
l'un des savants auteurs de la *Flore d'Australie,* alors directeur du
jardin de Melbourne, pour faire procéder en grand à la récolte des
graines de l'*Eucalyptus*, et, avec une libéralité à laquelle on ne sau-
rait rendre un trop juste hommage, il répandit, comme à pleines
mains, ces précieuses graines, non seulement en Algérie, mais encore
dans la plupart des contrées appropriées à la culture de ce végétal. Les
plantations d'*Eucalyptus* ont exercé dans la Région Méditerranéenne
la plus heureuse influence pour l'assainissement des lieux humides ou

Bambous y atteignent, et de la richesse de végétation des Bananiers, des Palmiers, des Figuiers de la région équatoriale, etc. Mais ces plantes, comme toutes celles qui croissent entre les tropiques, demandent pour la plupart des conditions d'égalité de température, d'humidité et d'abri qu'elles ne peuvent trouver en Algérie que dans des localités exceptionnelles ou par des soins complètement horticoles (1). Les seules introductions tropicales qui, réalisées en grand,

marécageux. Maintenant le chemin de fer d'Alger à Oran est, presque dans tout son parcours, bordé d'*Eucalyptus* plantés en ligne ou en massifs, surtout aux environs des gares. Dans la banlieue d'Alger, dans la plaine de la Mitidja jadis si meurtrière, on le voit partout aux bords des routes, dans les jardins, dans les promenades, et chaque colon plante près de sa maison l'arbre qui doit le garantir de la fièvre, ce fléau des pionniers des nouveaux centres de culture. A Aïn-Mokra, sur les bords du lac Fezzara, les rares habitants étaient chaque année presque décimés par les fièvres paludéennes, et les riches mines de fer de Mokta, situées dans le voisinage du lac, devaient rester inexploitées pendant la saison chaude. Quelques milliers d'*Eucalyptus* plantés sur les bords du lac ont suffi pour assainir la contrée, permettre l'exploitation continue des mines et l'établissement d'un important village à Aïn-Mokra, sur les bords même du lac jadis si pestilentiel. Ainsi l'*Eucalyptus,* en raison de sa croissance plus rapide que celle du Peuplier (un arbre de 7 ans peut atteindre 20 mètres de hauteur et dépasser 1 mètre de tour), de la continuité de sa végétation, de la grandeur de ses feuilles persistantes et peut-être aussi des effluves balsamiques qu'elles exhalent et qui pendant la chaleur se répandent au loin, est un puissant modificateur du climat local, en même temps qu'il fournit un bois incorruptible d'une dureté supérieure à celui du chêne.

(1) Réciproquement, les céréales et les légumes des pays tempérés réclament, dans la région équatoriale, des soins horticoles non moins attentifs que ceux qu'exigent les plantes équatoriales sous notre climat. Quelques légumes même, qui, comme la Fève, l'Artichaut, l'Oignon, etc., tiennent une large place dans les cultures algériennes, ne peuvent y réussir. M. P. Sagot (in *Bull. Soc. bot.* IX, 147-155) a appelé, dans un intéressant mémoire, l'attention sur ces faits importants et en a donné l'explication physiologique.

aient donné. jusqu'ici des résultats plus ou moins satis-
faisants tels que le Coton (1), la Canne-à-sucre, l'Arachide, la
Patate, l'Igname, etc., ne réussissent pas moins bien ou existent depuis longtemps dans les parties les plus méridionales
de l'Europe. Avant donc de se livrer à l'essai de cultures qui
paraissent devoir être toujours plutôt un objet de luxe et de
curiosité qu'une véritable source de production, il faut
épuiser toutes les ressources qu'offrent à l'agriculture le
centre et le midi de l'Europe, auxquels l'Algérie a déjà fait les
plus nombreux et les plus utiles emprunts (2). — L'Olivier, par

(1) Le Coton réussit bien dans la Région Méditerranéenne des provinces d'Alger et d'Oran et aussi dans les terrains irrigués de la Région
Saharienne. Mais cette culture, qui a donné en Algérie d'utiles résultats, pendant la guerre de sécession de l'Amérique du Nord, alors
qu'elle était encouragée par des primes de l'État et qu'elle n'avait plus
à lutter que contre la production des parties les plus méridionales des
contrées européennes du bassin méditerranéen, de l'Égypte et de l'Inde,
a cessé d'être suffisamment rémunératrice dès que l'Amérique a pu
alimenter de nouveau le marché européen. Même dans les localités les
plus favorables, comme les terrains irrigables de la Région Méditerranéenne de la province d'Oran, il n'y a pas, dans les conditions
commerciales normales, à attendre de bénéfice de la culture du Coton,
si ce n'est peut-être de celle des sortes de qualité supérieure, telles
que les Géorgie-longue-soie qui en raison de leur prix plus élevé peuvent couvrir les dépenses de leur production.
(2) La géographie botanique, qui, mieux que les autres sciences,
exprime la moyenne des conditions d'un pays, démontre l'exactitude
des opinions que, dès 1852, je me suis efforcé de faire prévaloir, et qui
sont partagées par les agriculteurs les plus compétents. Dans une
séance de la Société de botanique de France, mon éminent confrère
M. Duchartre a dit « qu'il était heureux d'entendre M. Cosson expri-
mer une opinion qui était celle de Louis Vilmorin, et il rappelait
qu'il a entendu le célèbre agriculteur insister, dans une discussion
relative aux produits de l'Algérie, sur la nécessité d'éloigner les colons
algériens de la culture des végétaux appartenant à la région intertropicale. On doit leur conseiller, disait Vilmorin, de planter la Vigne,
l'Olivier, et en général les arbres et les plantes cultivés dans la Région
Méditerranéenne ».

la greffe des sujets sauvages et par de nouvelles plantations, fournira partout dans la Région Méditerranéenne des produits aussi importants que ceux obtenus déjà sur de nombreux points et chez les populations kabyles. Le Chêne Liège, qui constitue une des essences principales des bois du littoral et de la Région Montagneuse inférieure, est déjà l'objet d'importantes exploitations, malheureusement trop souvent compromises par les incendies presque périodiques allumés par les indigènes. Le Mûrier ne croît pas moins bien que dans le midi de la France et peut être cultivé à de plus grandes altitudes. La Vigne, dont les plantations ont pris un si grand développement, est appelée à acquérir, dans la Région Méditerranéenne, dans la Région Montagneuse inférieure et dans quelques parties des Hauts-Plateaux, l'importance qu'elle avait dans nos provinces méridionales avant la terrible invasion du *Phylloxera*. Selon les altitudes et les expositions, elle fournira des vins liquoreux ou sucrés rivalisant avec ceux de l'Espagne, de la Sicile, de Madère, etc., ou des vins de table qui ne seront pas inférieurs à ceux de nos crus du midi ou du centre de la France (1). — Il est presque inutile de vous rappeler qu'en Algérie, dans de nombreuses localités, les diverses variétés d'Oranger et de Citronnier fournissent des produits presque aussi estimés que ceux du Portugal ou de Malte. — Nos céréales, la Pomme-de-terre, nos légumes, le Lin, la Betterave, le Tabac, la Luzerne, nos autres plantes fourragères, etc., sont déjà ou deviendront les véritables richesses des plaines dont

(1) Pour ne pas compromettre un si brillant avenir, l'Administration devra, à l'exemple de l'Italie, continuer à interdire l'introduction des végétaux vivants et même des racines et des légumes provenant des pays contaminés et qui pourraient apporter avec eux quelques individus ou des œufs du terrible insecte presque microscopique, dont la propagation est si rapide et qui menace de tarir une des sources de notre richesse nationale.

les cultivateurs européens auront bientôt fait disparaître toutes les broussailles et les friches pour les remplacer par des champs aussi bien cultivés et généralement plus fertiles que ceux des parties de la France dont l'agriculture est la plus avancée (1).

Je ne crois pas qu'il y ait lieu de regretter que l'Algérie (et il est bien entendu que je désigne seulement sous ce nom les parties du pays que j'ai indiquées comme étant les plus favorables à l'agriculture) offre des conditions plus avantageuses pour les cultures européennes que pour celles des contrées intertropicales. On doit, au contraire, s'en féliciter. Si l'on tient compte de la lenteur avec laquelle s'accomplissent les progrès agricoles, il vaut mieux que le cultivateur du nord

(1) Dans la Région Méditerranéenne de l'Algérie, où la culture intensive récompense plus largement qu'en Europe le travail du fermier ou du cultivateur-maraîcher, les terrains de pacage et les friches ne doivent être qu'une exception et constituer de véritables communaux pour la nourriture des bestiaux ; aussi les Arabes ne peuvent y être maintenus qu'en étant soumis aux mêmes conditions de production, d'impôt et de propriété individuelle que l'Européen. Autrement les tribus disposant généralement de vastes territoires, et n'ayant à cultiver les terres qu'après un long repos, recueilleraient dans les années d'abondance, presque sans travail, une somme de produits que le colon, propriétaire d'un sol souvent trop restreint, ne peut obtenir que par des efforts persévérants et de grandes dépenses. Ce sont les Hauts-Plateaux et les déserts sahariens, où les Européens ne trouvent de conditions favorables que sur quelques points seulement, qui offrent à l'Arabe nomade les véritables conditions de la vie pastorale à laquelle il est si approprié et qu'il préfère à la vie sédentaire et aux raffinements de notre civilisation. Lorsque les progrès de la colonisation dans la Région Méditerranéenne en auront exclu les Arabes nomades, alors seulement on rentrera dans les conditions où se trouvait primitivement l'Algérie : ces nomades devront venir des Hauts-Plateaux et du Sahara échanger les produits de leurs troupeaux contre le blé et l'orge nécessaires à leur alimentation, et ils seront des tributaires soumis étant, comme ils le disent eux-mêmes, et comme l'a rappelé le général Daumas, « les esclaves de leur ventre ».

ou du midi retrouve les productions de son pays natal, n'ait ni à changer ses habitudes ni à faire l'apprentissage de cultures nouvelles pour lui, et dont l'expérience a démontré le danger pour les Européens dans les pays chauds.

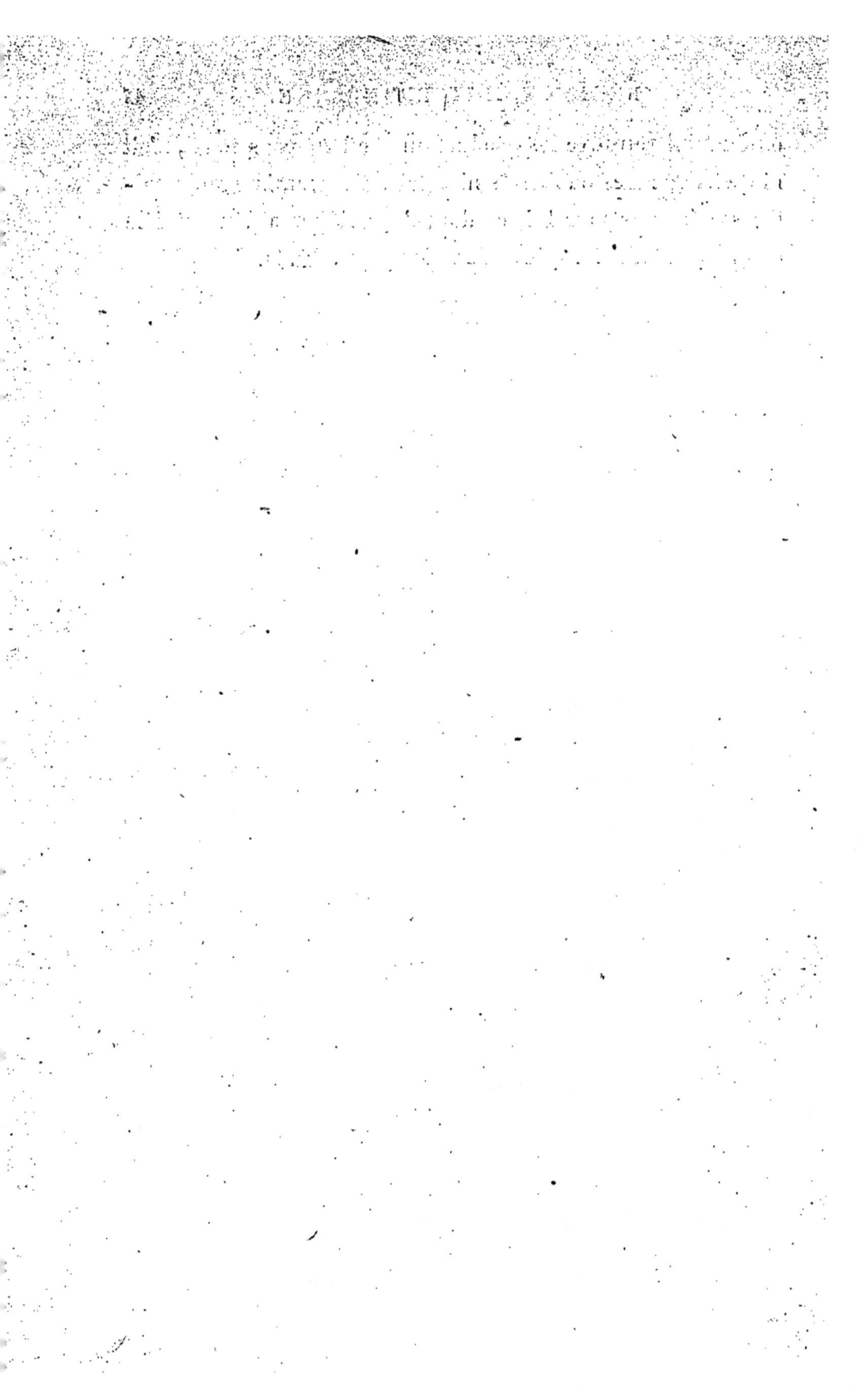

II

RÉGION MONTAGNEUSE.

La Région Montagneuse, je l'ai dit, est une région botanique, mais ce n'est pas une région géographique ; elle
est caractérisée surtout par l'altitude des reliefs du sol
qui la constituent et qui sont disséminés ou groupés en
chaînes continues, soit vers la côte, soit dans l'intérieur du
pays. Généralement la végétation de la partie inférieure des
montagnes, environ de 600 à 1 000 mètres d'altitude (1), diffère assez peu de celle des plaines ou des vallées voisines. A
partir de cette hauteur, l'influence de la décroissance progres-
sive de la température, la condensation de l'humidité atmosphérique, et, pour les montagnes élevées, la présence de la
neige, au moins pendant une partie de l'hiver, modifient profondément le climat, et par conséquent la végétation. Les
conditions d'humidité jouent souvent dans la Région Montagneuse un rôle aussi important que l'altitude elle-même.
Ainsi le Djebel Taëlbouna, dans la Région Saharienne de la

(1) Cette limite varie nécessairement suivant la latitude, la nature
et l'état d'agrégation du sol, le degré de sécheresse et d'humidité, et
selon que la montagne est isolée ou fait partie d'un massif élevé et
considérable qui agit sur le climat local en raison de son étendue
même.

province d'Oran, bien qu'élevé d'environ 1 800 mètres, n'offre,
en raison de la sécheresse du climat, que quelques espèces
caractéristiques de la Région Montagneuse, tandis que, au contraire, des ravins arrosés et encaissés entre des montagnes
comme les Gorges de la Chiffa, des montagnes basses comme
le Djebel Edough près Bône (environ 1 000 mètres), le Djebel
Gouffi près Collo (environ 1 200 mètres), mais à climat humide
en raison du voisinage de la mer, offrent, associées à un certain nombre de plantes de la Région Montagneuse, des espèces
des environs de Paris qui, en Algérie, ne trouvent habituellement les conditions de leur développement qu'à d'assez fortes
altitudes.

De même que dans les montagnes de l'Europe, les plantes
vivaces sont en nombre presque double de celui des plantes
annuelles, les espèces européennes forment presque les
cinq sixièmes du total de la végétation (1) et la plupart appartiennent à l'Europe centrale. Les affinités selon la latitude
sont démontrées par la présence fréquente, dans une même
montagne, de plantes espagnoles, de plantes orientales et de
plantes se trouvant à la fois en Espagne et en Orient.

(1) Les 674 espèces qu'en 1853 nous avons constatées dans la Région
Montagneuse de la province de Constantine, surtout au Djebel Tougour
et dans les autres montagnes des environs de Batna, dans les Monts
Aurès, etc., se répartissent de la manière suivante au point de vue
de leur géographie botanique : Végétation européenne, 228; Région
Méditerranéenne de l'Europe, 193 ; Région Méditerranéenne occidentale de l'Europe, 62; Espagne et Portugal, 46; Italie et Sicile, 15;
Région Méditerranéenne orientale, 13; Orient, 12; Espagne et
Orient, 20; Plantes spéciales, 85. Si l'on fait la somme des espèces
appartenant aux diverses parties du bassin méditerranéen, on voit que
cette somme est de 329; si l'on y ajoute les 228 espèces d'Europe, on
obtient le total de 557 représentant les affinités de la Région Montagneuse de la province de Constantine avec l'Europe, les autres éléments étant représentés par 117.

Les limites de cette conférence ne me permettent pas de vous faire l'énumération complète des arbres et arbustes de la région ; je vous signalerai seulement les espèces forestières les plus importantes ou les plus caractéristiques.

L'Olivier, si abondant dans la Région Méditerranéenne et à la base des montagnes, ne se rencontre que rarement au-dessus de l'altitude que nous avons indiquée comme limite de la Région Montagneuse proprement dite, et il ne s'y présente plus guère qu'à l'état de buisson. Le Chêne Liège (*Quercus Suber*), le Pin d'Alep (*Pinus Halepensis*), s'arrêtent généralement aussi vers la même altitude. Le Chêne-vert et sa variété à glands doux (*Q. Ilex* et *Q. Ilex* var. *Ballota*) ne dépassent que rarement l'altitude de 1 600 mètres. Le Chêne-Zen (*Quercus Mirbeckii* DR.; *Q. Lusitanica* var. A.DC.), qui croît dans la Région Montagneuse inférieure, ainsi que dans les parties fraîches de la Région Méditerranéenne, peut s'élever jusque sur les plus hautes sommités, où il retrouve les conditions d'humidité atmosphérique nécessaires à son développement. Le Chêne à feuilles de Châtaignier (*Q. castaneæfolia,* Afarès des Kabyles), qui jusqu'ici n'était connu que dans le Caucase, est plus rare ; il est répandu surtout dans les montagnes entre Collo et Bougie, dans les montagnes des Babor, où il forme des futaies aussi élevées que celles de nos plus belles forêts de France (1); on le retrouve dans la forêt d'Akfadou et sur quelques autres points du Djurdjura oriental.

‧ Le Cèdre (*Cedrus Libani* Barrel. — *Pinus Cedrus* L.) est l'arbre

---

(1) Dans les forêts des Babor, à l'ombre de ces beaux arbres, croissent pêle-mêle une Pivoine (*Pæonia corallina* var. *Russi)* et une espèce nouvelle du genre *Epimedium* (connu jusqu'ici seulement dans l'Europe orientale, au Caucase, en Asie), à laquelle, pour consacrer le souvenir de mon regretté compagnon de voyage, Henri de la Perraudière, j'ai donné le nom d'*E. Perralderianum.*

réellement caractéristique de la Région Montagneuse supérieure, où il croît jusque sur les plus hauts sommets; sur les versants nord, il peut croître dès 1 200-1 300 mètres, mais sur les versants sud on ne l'observe que rarement au-dessous de 1 400 mètres. Dans la province de Constantine, chez les Beni Foughal, dans les montagnes des Babor, du Belesma, du Djebel Bou-Thaleb, du Djebel Cheliah, etc., il forme souvent l'essence principale des forêts et occupe une surface de plusieurs milliers d'hectares; sur les pentes abruptes du Djurdjura, il ne trouve que quelques points favorables à son développement; il constitue un massif d'une certaine étendue à la partie supérieure de la montagne de Beni-Salah près Blidah; mais c'est surtout dans la magnifique forêt de Teniet-el-Haad qu'il atteint les plus grandes proportions.

Cet arbre qui, d'après les faits historiques, paraît avoir couvert les sommités du Liban, n'y est plus, au dire de tous les voyageurs, représenté que par un petit nombre d'individus de grande dimension, généralement mutilés, et quelques centaines de jeunes pieds. Dans la chaîne du Taurus, ainsi que l'ont constaté Kotschy, MM. Balansa et de Tchihatchef, il forme des massifs importants. Je crois devoir réunir dans mes indications de géographie botanique le Cèdre d'Algérie et le Cèdre du Liban, que je considère comme appartenant à une même espèce. Le Cèdre d'Algérie (*Cedrus Atlantica* Manetti; *Pinus Atlantica* Endl.) ne diffère, en effet, du Cèdre du Liban (*Cedrus Libani*) que par les feuilles ordinairement plus courtes et les cônes un peu plus petits. Pour nous, le Cèdre d'Algérie ne serait donc qu'une variété du Cèdre du Liban, dont j'ai reçu des échantillons authentiques du Liban et du Taurus et que vous avez été à même de voir au Jardin des Plantes et dans les parcs, où il est fréquemment cultivé; cette opinion est confirmée par celle de MM. Antoine et

Kotschy, qui rapportent également au Cèdre du Liban le Cèdre d'Algérie; nous avons vu des échantillons de cette variété recueillis dans le Taurus par Kotschy et par M. Balansa.

Le Cèdre se présente en Algérie sous deux formes : l'une, la plus répandue, est caractérisée par des feuilles plus courtes, généralement arquées et presque conniventes et surtout par leur teinte glauque argentée (*Cedrus argentea* V. Renou in *Ann. forest.* III, 2, pl. 2); l'autre est caractérisée par les feuilles un peu plus longues, généralement droites, divergentes et vertes (*Cedrus Libani.* V. Renou, *loc. cit.* pl. 1). L'étude des Cèdres dans les diverses forêts de l'Algérie m'a amené à ne considérer les *Cedrus Libani* et *argentea* Renou que comme des modifications ou sous-variétés dues à des circonstances locales; en effet, généralement les jeunes arbres et les individus abrités offrent des feuilles vertes et droites, tandis qu'elles sont, au contraire, glauques et conniventes chez les arbres adultes et exposés à l'influence des vents et de la chaleur; nous devons ajouter que quelquefois nous avons trouvé les deux sortes de feuilles réunies sur un même pied. Sous l'influence des conditions locales que je viens de signaler, le Cèdre se présente sous deux aspects très différents : pendant sa jeunesse ou dans les ravins, il affecte souvent la forme pyramidale, tandis que, sur les versants, comme dans nos parcs, il se couronne plus communément et s'étale en parasol.

M. Ch. Martins, dans son livre (*Du Spitzberg au Sahara*), riche en observations originales et en données scientifiques clairement exposées, a si bien dépeint l'aspect grandiose d'une forêt de Cèdres que je ne puis résister au plaisir de lui emprunter le passage suivant, qui donne une idée exacte de l'impression qu'éprouve le voyageur en présence de ce magnifique spectacle.

« Jeunes, les Cèdres ont une forme pyramidale; mais quand ils s'élèvent au-dessus de leurs voisins ou du rocher qui les protège, un coup de vent, un coup de foudre, un insecte qui perce la pousse terminale les prive de leur flèche : l'arbre est découronné. Alors les branches s'étalent horizontalement et forment des plans de verdure superposés les uns aux autres, dérobant le ciel aux yeux du voyageur, qui s'avance dans l'obscurité sous ces voûtes impénétrables aux rayons du soleil. Du haut d'un sommet de la montagne, le spectacle est encore plus grandiose. Ces surfaces horizontales ressemblent alors à des pelouses du vert le plus sombre ou d'une couleur glauque comme celle de l'eau, semées de cônes ovoïdes, dressés; l'œil plonge dans un abîme de verdure au fond duquel gronde un torrent invisible. »

La distribution géographique du Cèdre est un des plus remarquables exemples des espèces dissociées n'occupant qu'une aire assez étroite en latitude, mais très étendue en longitude. Ainsi, le Cèdre constaté dans les montagnes du Maroc, au sud de Tetouan, par mon ami regretté Webb, qui le premier a abordé la région montagneuse au Maroc, manque dans la province d'Oran, existe dans la province d'Alger et dans la province de Constantine, où il est plus répandu, et se retrouve au Liban et dans le Taurus, sans se montrer sur aucun point intermédiaire. Son aire en longitude serait bien plus vaste encore si, avec mon illustre ami M. J.-D. Hooker qui l'a étudié sur place dans ses beaux voyages d'exploration, on admet que le *Cedrus Deodara* de l'Himalaya est lui-même une variété du Cèdre du Liban.

Une variété de l'*Abies Pinsapo* (*A. Pinsapo* var. *Baborensis* Coss.), que les horticulteurs ont répandu dans nos parcs sous

le nom de Sapin de Numidie (*Abies Numidica*), a été découverte par mes compagnons de voyage et par moi dans les
montagnes du massif des Babor, où jusqu'ici elle a seulement
été observée. Ce bel arbre, qui accompagne le Cèdre jusque
sur les sommets (environ 2 000 mètres), forme une des essences principales des majestueuses forêts qui couvrent les
flancs de ces montagnes à végétation si luxuriante et si variée.
L'*Abies Pinsapo* var. *Baborensis* ne diffère que par quelques
caractères secondaires de la variété typique de l'espèce découverte dans les montagnes du sud de l'Espagne par mon ami
M. Edm. Boissier, qui l'a décrite dans son magnifique ouvrage
intitulé *Voyage botanique dans le midi de l'Espagne;* notre
Conifère algérienne ne se distingue, en effet, de l'*Abies Pinsapo,* qui maintenant orne tous nos squares et nos parcs,
que par les feuilles plus obtuses, glauques seulement à la face
inférieure et disposées le long des rameaux sur deux rangs
irréguliers au lieu de les entourer de leurs verticilles en
spirale; les cônes dressés, si caractéristiques de l'espèce,
sont identiques dans les deux variétés.

A la Région Montagneuse appartiennent également les espèces suivantes : le Chêne Faux-Liège (*Quercus Pseudosuber*
Desf.), intermédiaire entre les epèces à feuilles caduques et
celles à feuilles persistantes, qui ne se rencontre généralement
que par pieds isolés ou par groupes peu importants dans les
forêts de la Région Montagneuse moyenne de la province de
Constantine pour reparaître dans la province d'Oran, dans les
forêts entre Tlemcen et Sebdou. — Les Genévriers de la Région Méditerranéenne (*Juniperus Phœnicea* et *Oxycedrus*), qui
croissent sur les pentes rocheuses où les grandes espèces
forestières ne trouveraient pas la terre végétale nécessaire à
leur développement. Un autre Genévrier (*Juniperus thurifera*),
dont les rameaux dressés rappellent le port de nos Saules

taillés en têtard, et qui n'a encore été jusqu'ici observé en Algérie que dans l'Aurès. Une dernière espèce du même genre, le *Juniperus nana,* très voisine du Genévrier de nos forêts et de nos landes, et qui dans les Régions Montagneuses moyenne et supérieure forme des buissons rabougris et arrondis. — Deux espèces d'Érable, l'Érable à feuilles obtuses (*Acer obtusifolium*) des montagnes du midi de l'Europe, et l'Érable de Montpellier (*Acer Monspessulanum*), si répandu dans les parties chaudes du midi de la France, et qui se retrouvent dans les forêts de la zone montagneuse moyenne et supérieure; ce dernier, qui en France ne constitue que des buissons ou des arbres de troisième grandeur, atteint quelquefois en Algérie les proportions d'un arbre forestier de grande taille. — Le Houx (*Ilex Aquifolium*) de nos forêts, qui n'existe en Algérie que vers la limite des zones montagneuses moyenne et supérieure, où il est peu répandu, mais où souvent il acquiert un grand développement. — L'If (*Taxus baccata*), des forêts du centre de l'Europe, se rencontre ordinairement par sujets isolés ou par groupes peu importants dans la Région Montagneuse moyenne et supérieure, mais il y atteint quelquefois des dimensions remarquables. — Le Tremble (*Populus Tremula*), qui n'a encore été observé que vers le sommet du Djebel Babor, où nous l'avons découvert. — L'Amandier (*Amygdalus communis*) croît dans la Région Montagneuse inférieure et moyenne, dans le Djebel Guerioun au sud de Constantine, dans les montagnes des environs de Batna, dans le Djebel Ouaransenis, à Saïda ; il forme généralement de véritables massifs et est manifestement indigène, de même que dans les montagnes de l'Asie-Mineure qui avaient été jusqu'ici considérées comme sa seule patrie. — Le Châtaignier (*Castanea vulgaris*) existe à l'état sauvage dans l'Edough. — Le Merisier (*Cerasus avium*) est répandu dans presque toutes les montagnes. — Le Sorbier (*Sorbus domestica*) se rencontre par pieds isolés dans les forêts du Djebel Tababor. — Le Pin-de-Bordeaux (*Pinus Pinaster*) existe dans le Djebel Edough et forme vers Collo, dans la montagne de Msala, un véritable massif forestier. — L'Orme (*Ulmus campestris*) et l'Aune (*Alnus glutinosa*), qui dans la province de Constantine descendent jusque sur le littoral dans les lieux frais, se rencontrent également dans la Région Montagneuse. — Le Frêne austral (*Fraxinus australis*), espèce très voisine du Frêne de nos forêts, s'élève des plaines du littoral dans la Région Montagneuse inférieure; ses feuilles sont recueillies et desséchées par les Kabyles du Djurdjura, pour servir de fourrage d'hiver à leurs bestiaux. — Une autre espèce de Frêne (*F. dimorpha* Coss. et DR.) constitue une essence forestière assez importante dans quelques vallées élevées de l'Aurès et dans les ravins des Hauts-Plateaux à l'ouest de l'Aurès. — Dans les vallées de l'Aurès, où croît le *Fraxinus dimorpha*, le Noyer est cultivé et atteint souvent d'aussi grandes proportions qu'en Europe, etc.

Enfin, parmi les nombreuses espèces d'arbrisseaux et d'arbustes de la Région Montagneuse, je citerai : le Buis (*Buxus sempervirens*), observé seulement à un petit nombre de localités en Algérie, mais très abondant au Djebel Tababor; — le Petit-Houx (*Ruscus aculeatus*), qui en Europe croît dans les forêts de nos plaines et qui en Algérie ne se trouve qu'à une assez grande altitude; — une espèce de Vinetier (*Berberis Hispanica*), très voisine de notre Épine-Vinette (*Berberis vulgaris*), commune à l'Algérie et aux montagnes du midi de l'Espagne; — l'Alouchier (*Sorbus Aria*), qui existe dans nos forêts de France; — le Chèvrefeuille en arbre (*Lonicera arborea*) des montagnes du midi de l'Espagne, qui, en Algérie, forme des buissons arborescents au Djebel Tababor et dans les sommités du Djurdjura central; — le Groseillier des rochers (*Ribes petræum*), des montagnes du centre de l'Europe, croît sur les plus hautes montagnes, ainsi que le Groseillier épineux (*R. Uva-crispa*) qui ne diffère en rien de la forme sauvage de l'espèce si répandue dans les bois de l'Europe centrale.

L'énumération précédente, bien que sommaire, suffit pour donner une idée de la composition des bois et des forêts en Algérie et pour montrer qu'un grand nombre des arbres et arbustes de la Région Montagneuse appartiennent à la flore européenne et même souvent à la flore des pays de plaines du centre de l'Europe, l'altitude compensant la latitude.

Les richesses forestières de la Région Montagneuse offriront de précieuses ressources à la colonisation lorsque, par leur aménagement régulier et une surveillance active et vigilante, elles seront soustraites aux déprédations des indigènes, qui, pour faire une planche ou une porte, n'hésitent pas à entailler sur pied un Cèdre ou un Chêne séculaire, et qui, par l'incendie et le pacage des troupeaux, ne menacent que trop souvent d'une destruction complète le boisement, principalement celui des sommités. Le pacage des sommets doit surtout, même dans les territoires où le service forestier n'est pas encore organisé, être interdit de la manière la plus rigoureuse, car c'est dans les pays méridionaux qu'il détermine le plus rapidement la dénudation du sol, la disparition de la terre végétale, le ravinement des crêtes ou des plateaux et ces éboulements qui, brisant les arbres sur les pentes, comblent les vallées de débris de rochers et les rendent impropres à la culture (1).

(1) Le déboisement des sommités est d'autant plus redoutable en Algérie que les montagnes (dont les plus élevées ne dépassent pas 2 350 mètres), jadis toutes boisées au sommet, ne présentent pas les

C'est au déboisement que doit être en grande partie attribué le mauvais régime actuel des eaux, et l'irrégularité des cours d'eau, tantôt guéables, tantôt desséchés, qui, après quelques heures de pluie seulement, deviennnent tout à coup des torrents dévastateurs. Qu'on ne vienne pas objecter les dépenses à faire et les difficultés à surmonter pour remédier à ce fâcheux état de choses. Il s'agit ici d'un intérêt de premier ordre, et d'ailleurs la rapidité du repeuplement et du développement des arbres rend la tâche facile. Partout où la surveillance est exercée d'une manière sérieuse par l'administration forestière, on voit, comme à Teniet-el-Haad, et sur tant d'autres points, les forêts réparer leurs pertes et le reboisement s'effectuer de lui-même par les jeunes sujets en quantité plus que suffisante pour combler tous les vides. Assurément, je ne prétends pas vouloir proscrire l'introduction dans les forêts des arbres exotiques comme le Pin des Canaries (*Pinus Canariensis*), ni celle de plusieurs de nos essences européennes ; mais, avant de chercher de nouvelles richesses, il faut assurer d'abord la conservation de celles que la nature a données au sol. Il ne faudrait pas croire, du reste, que les forêts soient réduites en Algérie à d'étroites surfaces ; il en existe d'une étendue considérable : il suffira de citer les forêts de Chênes-Zen des environs de la Calle et

---

plantes alpestres ou alpines qui dans les Alpes forment un gazon serré s'opposant à la rapide érosion du sol. Les plantes annuelles des plus hauts sommets en Algérie sont des espèces d'Europe, telles que le Coquelicot (*Papaver Rhœas*), les *Myosotis* de nos champs, qui y croissent dans les larges intervalles laissés par les touffes de plantes vivaces caractéristiques. — Il est bon d'ajouter qu'en Algérie, les zones végétales selon l'altitude sont moins nettement déterminées que dans l'Europe centrale ou septentrionale, les conditions d'humidité du sol et de l'atmosphère jouant souvent, comme nous l'avons déjà dit, un rôle plus important que l'altitude elle-même.

des Beni Salah, les bois de Chênes Lièges, qui couvrent les
pentes des montagnes basses entre Bône et Bougie, les
forêts de Cèdres de Teniet-el-Haad, des Monts Aurès, du
Djebel Tougour, des montagnes des Ouled Sultan, du Belesma,
du Bou-Thaleb, du Djurdjura, du Djebel Beni-Salah près
Blidah, etc. Chez le Beni Foughal, au Babor, au Tababor (où
le déboisement n'a encore atteint que les sommets, autrefois couverts, comme les pentes, de magnifiques sujets, dont
on voit encore les troncs dépouillés et blanchis par le temps
et les énormes souches), le Cèdre, le Chêne à feuilles de
Châtaignier, avec le Sapin Pinsapo variété du Babor, forment
des futaies ombreuses qui rivalisent avec les plus belles de
l'Europe centrale.

Au point de vue agricole, la Région Montagneuse inférieure,
ainsi que les parties montueuses des régions Méditerranéenne
et des Hauts-Plateaux, participe aux caractères des régions
voisines et offre surtout des conditions avantageuses pour
les cultures du midi et du centre de l'Europe. Les pentes
généralement rapides, abruptes ou rocheuses de la Région
Montagneuse proprement dite en excluent la grande culture et
ne laissent guère de place que pour des jardins dont les terres
souvent rapportées sont retenues par des murs de soutène-
ment. — La projection sur le tableau de la vue photographique
d'un village kabyle met sous vos yeux plusieurs de ces jardins,
en même temps qu'elle vous montre l'aspect général de la
montagne et des constructions primitives qui composent le
village. — Que l'on parcoure les belles cultures de la vallée du
Sebaou ou celles de la vallée de l'Oued Abdi dans les Monts
Aurès, que, de Dra-el-Mizan ou de Fort-National, on embrasse
du regard les versants abrupts de la chaîne imposante du
Djurdjura, on verra les vallées couvertes de moissons, les
villages et les enclos s'étager sur des pentes en apparence

inaccessibles. On sera alors convaincu que la population kabyle est apte à faire rendre au sol tout ce qu'il peut produire (1).

(1) La Région Montagneuse proprement dite est habitée, à de rares exceptions près, par la race autochtone, par la race Berbère ou Kabyle, que l'invasion arabe y a refoulée ; la colonisation ne peut guère y trouver place qu'en lésant les droits les plus respectables. Chez les laborieuses et industrieuses populations kabyles la propriété individuelle est constituée, la femme respectée, l'administration et la justice soumises à des règles fixes. L'agriculture y est déjà avancée, elle a recours à des assolements réguliers, à la fumure du sol, à la stabulation des bestiaux pendant l'hiver, etc.

III

RÉGION DES HAUTS-PLATEAUX.

Aucune description ne peut donner une idée de la monotonie des vastes steppes de cette région dans la province d'Alger et surtout dans la province d'Oran. La vue photographique dont la projection est mise sous vos yeux, prise, par mon ami et compagnon de voyage M. le docteur P. Marès, à Aïn-ben-Khelil, dans la province d'Oran, représente bien l'aspect de ces grandes plaines dépourvues de végétation arborescente. Les étendues immenses de ces plaines n'offrent d'autres accidents de terrains que des ravins creusés par les eaux, que des ondulations généralement couvertes par de grandes Graminées du genre *Stipa* et particulièrement par l'Alfa (*Stipa tenacissima*), dont elles sont la véritable patrie (1). — Les dépressions du sol sont ordinairement envahies par une espèce d'Armoise, le Chieh (*Artemisia Herba-alba*) et par une espèce de Thym (*Thymus ciliatus* var.). — Les bois ont

(1) Tout le monde connaît les usages variés de l'Alfa, qui est actuellement l'objet d'un commerce important; l'Algérie en exporte en quantité bien plus considérable que l'Espagne, qui, autrefois, en était le seul centre de production. Les chaumes de l'Alfa, qui croît sur les Hauts-Plateaux de la province d'Alger et de Constantine et qui est surtout très abondant sur les Hauts-Plateaux de la province d'Oran, en raison de la ténacité de leurs fibres, servent à la fabrication de

disparu dès la limite de la Région Méditerranéenne ; les
grandes Ombellifères (*Ferula, Thapsia*) se détachent seules
à l'horizon et paraissent atteindre des proportions gigantes-
ques. Le voyageur ne trouve pour tout ombrage que de rares
Betoum (*Pistacia Atlantica*), qui, seuls à de longs intervalles,
rompent l'uniformité de ces sévères, mais grandioses aspects.
Le *Pistacia Atlantica* est réellement l'essence forestière des
Hauts-Plateaux ; seul il résiste à la violence des vents et à la
variabilité de température de ces régions élevées et peut y
acquérir, malgré la lenteur de sa croissance, un grand développement. — Le dessin dont vous voyez la projection sur le
tableau a été pris dans la partie la plus méridionale des
Hauts-Plateaux de la province d'Oran, à l'ouest de Brezina,
vers Gour Seggueur, par M. Valette, sous-officier, qui nous
accompagnait ; ce dessin représente un *Pistacia Atlantica* à
l'ombre duquel nous avons fait halte et montre les proportions que l'arbre peut atteindre.

Les Genévriers de la Région Méditerranéenne et de la Région
Montagneuse inférieure et moyenne (*Juniperus Oxycedrus* et
Phœnicea), le Pin d'Alep (*Pinus Halepensis*), le Chêne-vert
(*Quercus Ilex*), et, dans la province de Constantine, une espèce
spéciale de Frêne (*Fraxinus dimorpha*), peuvent quelquefois,
au voisinage des montagnes, se rencontrer sur les Hauts-Plateaux ; mais à leur tronc généralement rabougri et à leur
végétation chétive, il est facile de voir qu'ils n'appartiennent
pas à cette région dans laquelle ils sont pour ainsi dire

tous les articles dits de sparterie et à celle de la pâte d'un papier de
première qualité ; mais il serait à craindre que cette source de
richesse, qui n'exige aucune culture, puisqu'il suffit de couper l'Alfa
à la faucille ou à la faux pour en faire la récolte, ne fût bientôt compromise si on tolérait l'arrachage de la plante qui, comme un grand
nombre de Graminées vivaces, ne donne que rarement des graines et
se reproduit surtout par ses rhizomes.

égarés. Quelques-espèces de *Tamarix* (*T. Gallica, Africana, bounopœa*) croissent dans le lit de ravins traversés par les eaux au moins en hiver et aux bords des Chott, dépressions plus ou moins étendues ou immenses, à lit souvent à peine encaissé, généralement remplies en hiver d'eau saumâtre, desséchées en été, à sol argileux, gypseux salé, et généralement recouvert après l'évaporation des eaux, au printemps ou en été, d'une couche saline miroitante.

Les cours d'eau sont rares si ce n'est au voisinage des montagnes et vers la limite de la Région Méditerranéenne; ceux qui sont propres à la région ne sont, pour la plupart, que des ravins, des Oued ordinairement à sec dans la saison chaude et souvent pendant plusieurs années, aboutissant aux Chott, dans lesquels ils déversent leurs eaux pendant les pluies ou à la fonte des neiges. Çà et là des dépressions peu étendues (Daïa), où les eaux pluviales séjournent pendant l'hiver et persistent quelquefois jusqu'en été, en formant des marécages, se distinguent au loin par leur végétation verdoyante à type européen.

Le climat est caractérisé par ses extrêmes de température : il neige souvent jusqu'en mars et même en avril et mai, et il n'est pas rare qu'à cette époque, sous l'influence du rayonnement du calorique, le thermomètre descende la nuit au-dessous de zéro, tandis qu'à midi la température sera de + 25-28 degrés centigrades. Même au mois de juin, le froid déterminé par le rayonnement nocturne se fait quelquefois sentir avec assez d'énergie pour congeler l'eau à sa surface et tuer les jeunes pousses des végétaux qui, comme le Noyer et la Pomme-de-terre, ne peuvent supporter des variations aussi brusques. Les alternatives des vents du nord et du sud ne contribuent pas moins à la variabilité du climat, qui ne comporte qu'une végétation rustique pouvant s'ac-

commoder à ces écarts de température. Aussi, dans la flore
des Hauts-Plateaux, le nombre des plantes vivaces égale
ou dépasse même souvent celui des plantes annuelles, et les
plantes européennes les plus généralement répandues constituent environ les quatre cinquièmes du total des espèces (1).
Les influences, selon la latitude, sont démontrées par la pro-
portion assez notable d'espèces orientales, et surtout par le
nombre des plantes de cette région qui existent à la fois en
Espagne et en Orient. Il va sans dire que, dans cette description sommaire, nous avons eu surtout en vue les steppes
de la partie centrale des provinces d'Alger et d'Oran ; les
plateaux au voisinage de la Région Méditerranéenne et ceux
qui sont entourés ou bordés par des montagnes (comme les
plateaux du Sersou, de Setif et l'ensemble de la région des
Hauts-Plateaux dans la province de Constantine), se rappro-
chent davantage, par leur climat plus uniforme et plus
européen, des conditions générales de la Région Méditerranéenne au point de vue de la végétation spontanée et à celui
de l'agriculture.

Il résulte de ces conditions spéciales que, dans les Hauts-
Plateaux proprement dits, les cultures, si ce n'est toutefois vers la limite de la Région Méditerranéenne, au voi-

(1) Les 579 espèces observées par nous en 1853, dans la province de
Constantine, sur les Hauts-Plateaux, entre Aïn-el-Bey et le défilé d'El-
Kantara, se répartissent de la manière suivante au point de vue de
leur géographie botanique : Végétation européenne, 158 ; Région Méditerranéenne de l'Europe, 213 ; Région Méditerranéenne occidentale de
l'Europe, 50 ; Espagne et Portugal, 40 ; Italie et Sicile, 10 ; Région Méditerranéenne orientale de l'Europe, 7 ; Orient, 11 ; Orient désertique, 2 ; Espagne et Orient, 18 ; Plantes spéciales, 70. — Si l'on fait
la somme des espèces appartenant aux diverses parties du bassin méditerranéen, on voit que cette somme est de 320 ; si l'on y ajoute
les 158 espèces d'Europe, on obtient le total de 478, tandis que les
autres éléments de la végétation ne sont représentés que par 101.

sinage des montagnes et dans les endroits frais ou irrigables, ne peuvent occuper que des espaces relativement restreints. Le boisement, en entretenant la fraîcheur du sol, en brisant la violence des vents et en s'opposant à l'intensité du rayonnement du calorique, pourrait modifier le climat de la manière la plus utile. On trouverait pour ce boisement de précieuses ressources dans le *Pistacia Atlantica,* les *Tamarix* et les quelques espèces rustiques que nous avons déjà indiquées et qui seraient placées par les soins de l'homme dans des conditions plus favorables à leur développement.

Les cultures dans la région des Hauts-Plateaux sont naturellement presque les mêmes que celles de la Région Montagneuse et ne diffèrent pas sensiblement de celles de l'Europe centrale. Les pâturages des immenses territoires incultes de cette région sont particulièrement propres à l'élevage ; on sait que chaque année les tribus nomades y viennent avec leurs innombrables troupeaux de chameaux et de moutons camper en été, c'est-à-dire depuis le moment où la végétation herbacée a presque complètement disparu dans les plaines sahariennes, jusqu'à celui où les pluies d'automne, en favorisant de nouveau la végétation dans le Sahara, permettent aux tribus de regagner leurs campements d'hiver. C'est là que le cheval arabe développe ses qualités les plus précieuses ; sa vigueur et sa force de résistance paraissent en rapport avec l'âpreté du pays où il est élevé. Les chevaux les plus estimés sont ceux que nourrissent les steppes de la province d'Oran (1). Les moutons des meilleures races, et particulièrement ceux de la race mérinos, trouvent dans la végétation des Hauts-

(1) C'est par suite d'une trop grande extension donnée au mot Sahara que le général Daumas a intitulé un de ses ouvrages les plus populaires *Le Cheval du Sahara.* Dans le Sahara, tel que nous le limitons d'après les données scientifiques, les chevaux sont rares et

Plateaux, très analogue à celle du centre de l'Espagne, d'où ils ont été importés, toutes les conditions nécessaires à leur multiplication. Les importants résultats obtenus, sous le patronage du maréchal Randon, dans le sud de la province d'Alger, ont démontré les progrès qui peuvent être réalisés dans l'amélioration de la race ovine indigène, soit par sélection, soit par croisement avec la race mérinos. — A la limite de la Région Méditerranéenne et des Hauts-Plateaux, à l'est et près de Constantine, à El-Aria, un de mes amis, M. de Ruzé, a appliqué à l'élevage de la race bovine les vrais principes scientifiques, et est arrivé par sélection et par croisement, comme on l'avait fait à la même époque dans la province d'Alger pour la race ovine, à obtenir des produits de premier ordre : animaux de travail, vaches laitières, ainsi qu'animaux gras. Ces derniers, après avoir complété leur engraissement dans les riches pâturages des environs du lac Fezzara, sont aptes à être importés en France, où ils créent, surtout pour l'alimentation des provinces méridionales, une ressource d'autant plus importante que l'initiative de M. de Ruzé a trouvé de nombreux imitateurs. Il ne faut pas croire, d'ailleurs, que les animaux produits à El-Aria, localité qui présente par sa végétation à peu près les caractères botaniques de la région des Hauts-Plateaux, soient inférieurs à ceux qui alimentent habituellement nos marchés. Dès 1860, en effet, à l'exposition du Palais de l'Industrie ainsi qu'aux concours de Poissy et de la Villette, ils ont valu à l'habile éleveur des médailles d'or, et les animaux de boucherie d'El-Aria qu'il a envoyés souvent sur ces grands marchés ont

sont remplacés par les dromadaires, dont les aptitudes sont si bien appropriées à la région et dont les sujets de choix, les dromadaires de course (Mehari), peuvent fournir en une seule étape vingt à trente lieues en une journée.

trouvé un facile débouché, bien qu'ils eussent à lutter pour la consommation de Paris avec ceux des meilleurs herbages de la France et de l'étranger.

La Luzerne (*Medicago sativa*), qui croît abondamment à l'état sauvage sur de nombreux points de la région avec le Trèfle des prés (*Trifolium pratense*), et une espèce de Sainfoin (*Onobrychis argentea* Boiss.), sont un indice certain du succès réservé à l'établissement des prairies artificielles dans les endroits frais ou irrigables, ainsi que dans les dépressions où l'humidité se conserve encore plus longtemps. La vigueur de la végétation dans ces stations, avant qu'elles aient été ravagées par les troupeaux ramenés du Sud par les nomades, montrent quelles précieuses ressources l'agriculture trouverait dans l'aménagement de ces prairies naturelles, où dominent les Légumineuses : elles pourraient être soumises à des fauchages réguliers dont les produits permettraient la généralisation d'une pratique agricole nécessaire, la stabulation des bestiaux.

IV

RÉGION SAHARIENNE.

La Région saharienne est, comme nous l'avons vu, séparée, au nord, des Hauts-Plateaux par la chaîne la plus
méridionale de l'Algérie, qui, formant une véritable muraille
de rochers presque continus, ne permet généralement l'accès
du Sahara que par des cols, ou par d'étroites coupures à
travers lesquelles des cours d'eau torrentueux ont creusé
leur lit.

Le défilé d'El-Kantara, si justement admiré, est une de ces
brèches les plus célèbres. Le Djebel Metlili et le Djebel Gaous
semblent par leurs pentes abruptes à puissantes assises
fermer l'accès du Sahara au voyageur qui se dirige vers El-
Kantara. Ce n'est qu'après avoir contourné une dernière
colline que l'on voit apparaître l'étroite coupure du Khaneg
creusé par le torrent : à droite et à gauche, s'élèvent perpendi-
culairement les rochers brunâtres du massif qui semblait
barrer le passage. La profondeur du ravin, ses sinuosités, le
bruit des eaux, tout concourt à impressionner vivement le
voyageur dans ce site aussi grandiose que sauvage. Un pont
d'une seule arche, construit par les Romains, traverse le
ravin, dont la route suit les contours. Quelques Dattiers
rabougris, qui croissent sur les bords du torrent, annoncent

seuls l'approche de la première oasis, dérobée encore aux regards par les détours du défilé. Quelques pas plus loin, le Sahara apparaît dans son austère majesté. Il est impossible de dépeindre la magnificence du panorama qui se déroule sous les yeux, et dont seules les vues photographiques, qui vont être projetées sur le tableau, peuvent vous donner une idée (1) : les cimes majestueuses des Dattiers de l'oasis se détachent par leur vert foncé sur la teinte rougeâtre des collines qui encadrent l'horizon; les murs en terre qui forment la ceinture de l'oasis, les tours carrées en ruines dont elle est flanquée et les maisons des villages arabes, forment, par la teinte grisâtre du pisé dont elles sont construites, un saisissant contraste. Tout, jusqu'au costume sévère et primitif des indigènes, concourt à donner à ce tableau son caractère d'étrangeté et de grandeur.

Dans la plaine d'El-Kantara, au mois de mai, la récolte de l'Orge est déjà faite, tandis que sur les Hauts-Plateaux la moisson n'est pas encore épiée. — Pour ne pas avoir à y revenir, je vous ferai remarquer que l'oasis d'El-Kantara est, comme toutes les autres oasis, formée par des jardins généralement entourés de murs en terre, où les Dattiers abritent les autres arbres fruitiers ainsi que la plupart des cultures. Le Dattier, qui est l'arbre caractéristique de la Région Saharienne, est un arbre planté comme les arbres fruitiers de nos vergers.

En raison de l'obliquité, du sud-ouest au nord-est de la chaîne qui sépare les Hauts-Plateaux du Sahara, la Région Saharienne ne commence à l'ouest, dans la province d'Oran, que vers le 33ᵉ degré de latitude, tandis qu'à l'est, elle re-

(1) Vue de l'entrée nord du défilé d'El-Kantara. — Vue représentant une partie de l'oasis et le défilé vus de la plaine d'El-Kantara. — Vue de l'oasis d'El-Kantara et de l'Oued El-Kantara.

monte au nord jusqu'à El-Kantara, vers le 35e degré. — Au sud, la Région Saharienne se confond avec les déserts, qui, comme on le sait, s'avancent jusqu'à la région des pluies estivales, limitée par une ligne sinueuse oscillant entre le 12e et le 15e degré de latitude. C'est là seulement que commence la région intertropicale proprement dite. On voit que les limites du Sahara algérien sont bien plutôt politiques que naturelles. Le point extrême soumis à l'autorité française, bien que des expéditions récentes aient été poussées plus au sud, à El-Golea, est l'oasis d'Ouargla, située sous le 32e degré de latitude, dans la vaste dépression connue sous le nom de Chechia d'Ouargla. A cette dépression aboutissent au nord-ouest les grands ravins du relèvement du Mzab, l'Oued Mzab et l'Oued En-Nsa, et au sud le ravin de l'Oued Mia, qui descend de la pente conduisant au plateau élevé du pays des Touareg du Nord et traverse les vastes dunes qui s'étendent au sud d'Ouargla.

Nos possessions sahariennes appartiennent à l'immense zone désertique qui, en Afrique, au sud de la chaîne la plus méridionale de l'Algérie, sur une largeur d'environ cinq cents lieues, s'étend des bords de l'océan Atlantique au Maroc, à travers tout le continent africain, et reproduit à l'est le type uniforme de sa végétation jusqu'à l'Indus, dans les déserts asiatiques. L'ensemble de cette immense région naturelle est caractérisé surtout par l'extrême rareté des pluies et leur abondance quand elles se produisent, la sécheresse de l'atmosphère, des températures extrêmes (1), l'absence

_____

(1) Dans le Sahara algérien, en été, la température s'élève souvent à 45 degrés à l'ombre et quelquefois même à 49 et 52 degrés, sous l'influence des vents du sud ; le sable des dunes exposées au soleil, aux mois de mai et de juin, donnait souvent à sa surface des températures de 78 et 80 degrés. En hiver, le thermomètre peut descendre

de grands relèvements montagneux et de cours d'eau permanents, l'aspect tout spécial de la région désertique, et par le type caucasique qui domine dans les populations malgré leurs nombreux croisements avec la race nègre.

La comparaison classique du Sahara avec une peau de léopard dont les oasis représenteraient les taches, ou avec un océan dont elles formeraient les îles disséminées ou groupées en archipel, donne une idée assez exacte de l'aspect général du pays.

La présence de l'eau fournie par des sources, par les Oued, par les Redir, dépressions du lit des Oued où l'eau persiste pendant plus ou moins longtemps, l'existence de puits alimentés par les infiltrations du sol ou les eaux jaillissantes d'une nappe artésienne (1), déterminent seules les routes sui-

jusqu'à — 3 degrés, et quelquefois même, sous l'influence du rayonnement du sol, jusqu'à — 8 degrés.

(1) Les puits creusés dans le lit des Oued, dans les dépressions des dunes, et même souvent dans les plaines, n'ont ordinairement que quelques mètres de profondeur. Sur quelques points seulement, ou dans les parties montueuses ou rocheuses, comme dans le Mzab, ils atteignent des profondeurs de 30 à 50 mètres. La température de l'eau des puits est de 17° à 24°. — Dans les Ziban, à El-Amri, M. Dubocq signale des puits dont la profondeur ne dépasse pas 1m 50 à 2 mètres; ces puits traversent une assise de roches gypseuses et un petit banc calcaire de quelques centimètres seulement d'épaisseur, au-dessous duquel existe une nappe d'eau dans une couche de sable argileux. — Dans la province d'Oran, presqu'à la lisière du Sahara, à Aïn-ben-Khelil, se trouve de même une nappe d'eau superficielle au-dessous d'une mince plaquette calcaire.

L'existence dans l'Oued-Rir d'une nappe d'eau souterraine jaillissante, située à une profondeur moyenne de 60 à 80 mètres, au-dessous d'une mince plaque calcaire, a permis aux indigènes, dès les temps les plus reculés, d'irriguer leurs oasis par de véritables puits artésiens. Ces puits, de forme carrée et munis dans leur partie supérieure d'un coffrage en poutres de dattiers, sont creusés avec une sorte de houe à manche très court, jusqu'au moment où les eaux d'infil-

vies par les caravanes, les lieux de station et de campement, ainsi que la formation des oasis et l'établissement des villages et des villes.

L'eau de la plupart des puits creusés dans les terrains argilo-calcaires et gypseux du Sahara, qu'elle soit jaillissante ou fournie par l'infiltration du sol, contient du sel marin, du chlorure de magnésium dans d'assez grandes proportions pour être désagréable au goût et avoir une action purgative

tration ne peuvent plus être épuisées. C'est alors que commence le travail des plongeurs, presque tous nègres, qui doivent approfondir le puits jusqu'à la nappe artésienne. Chaque fois qu'ils plongent, ils remplissent un petit couffin, à peu près de la contenance des deux mains juxtaposées. On comprend facilement toute la longueur et la difficulté d'un tel travail et l'impossibilité presque absolue de réparer les puits dont les coffrages se sont effondrés. Avant l'occupation française, l'obstruction de la plupart des puits de l'Oued-Rir était une cause de dépérissement et même de ruine pour les oasis. Aussi les populations ont-elles salué par des cris de joie et des bénédictions le brillant succès des nombreux puits artésiens désobstrués ou creusés par l'administration française depuis 1856, et qui ont fait renaître la fertilité des oasis menacées de destruction ou permis la création d'oasis nouvelles. Rien que dans la région de l'Oued-Rir, il a été, grâce à l'initiative du général Desvaux et de ses continuateurs, secondés par le dévouement de Ch. Laurent, de Lehaut, de MM. Jus, Zickel, etc., foré ou désobstrué 74 puits artésiens fournissant par minute 99 570 litres d'eau, et la nappe artésienne est assez abondante pour qu'elle permette d'augmenter le nombre de ces puits et de satisfaire à l'irrigation des nombreuses oasis qui peuvent encore être créées. — Dans les eaux salines des fossés de l'Oued-Rir alimentés par les puits jaillissants, existe en abondance une espèce particulière de poisson, voisin du genre Perche (*Glyphisodon Zillii* Valenciennes). Ce poisson vit indifféremment dans les eaux de la nappe souterraine et dans celles qui se sont répandues à la surface du sol; il est entraîné par la nappe ascendante au moment où elle se fait jour après le percement de la plaquette calcaire. On le retrouve aussi dans les gouffres formés par les puits artésiens indigènes effondrés et dans quelques petits lacs communiquant avec la nappe artésienne et dont les plus remarquables sont la mer d'Ourlana, près de l'oasis de ce nom et celui de la Merdjaja près de Tougourt.

assez prononcée; aussi les indigènes de l'Oued-Rir, bien
qu'ils soient peu délicats, disent-ils d'un de leurs puits re-
nommé pour la mauvaise qualité de ses eaux : « Mieux vaut
cent coups de bâton qu'une gorgée de l'eau de Bram. »
— Les puits permanents ou extemporanés, creusés à une
faible profondeur de 1-3 mètres dans les dépressions des
dunes, fournissent en abondance des eaux d'infiltration
fraîches et potables et qui, bien que contenant souvent du
sulfate de chaux en dissolution, n'en paraissent pas moins
délicieuses au voyageur qui dans l'Oued-Rir a été condamné
aux eaux minérales purgatives des puits artésiens.

Vers la limite nord de la Région Saharienne, les oasis sont
généralement établies au voisinage des cours d'eau qui
débouchent dans le Sahara et dont les eaux sont presque
épuisées pour l'irrigation des Dattiers et des cultures. Par
exception seulement dans cette première zone d'oasis, comme
à El-Abiod-Sidi-Cheikh, les puits fournissent la plus grande
partie de l'eau d'irrigation. Dans l'intérieur de la région
Saharienne, où les Oued sont à sec pendant la plus grande
partie de l'année, et même quelquefois pendant plusieurs
années consécutives, ce sont les puits ou les citernes qui
fournissent la presque totalité des eaux nécessaires aux cultures.

Le sol du Sahara algérien, dans la plus grande partie de
son étendue, a été abandonné par la mer qui le recouvrait
à une époque géologique relativement récente. Il y existe
sur plusieurs points, comme au Djebel Melah, près El-
Outaïa, de véritables monticules de sel, ainsi que des dépressions peu étendues, ou très vastes, comme le Chott Melghir,
dans lesquelles les eaux pluviales dissolvent en hiver le sel
marin qui s'y est cristallisé en été sous forme de couches
plus ou moins épaisses. — Les plaines sahariennes sont

généralement constituées par un terrain compact siliceux, argilo-calcaire ou gypseux (1), parsemé çà et là de cristaux de gypse. Comme l'a dit d'une manière saisissante mon ami et confrère M. Ch. Martins, dans son livre *Du Spitzberg au Sahara*, « que les géologues qui veulent parler de l'action érosive des eaux pluviales laissent de côté les exemples mesquins qu'ils citent à l'appui de leurs démonstrations, qu'ils visitent le sud de l'Algérie, c'est là qu'ils verront combien la puissance érosive des eaux transforme un plateau uni en un massif de montagnes aussi accidentées que celles qui sont dues au relèvement et à la rupture des roches. » Ces phénomènes d'érosion par les eaux pluviales s'observent dans toute l'étendue du Sahara algérien ; partout on y rencontre les profonds ravins et les ravines qu'elles ont creusés en tous sens. Dans le Mzab, les érosions ont converti en véritables reliefs montagneux le plateau calcaire qui s'incline de Laghouat vers Metlili et Ouargla. Sur de nombreux points l'ancien sol a été entraîné par les eaux et n'est plus représenté que par des éminences en forme de cônes réguliers ou de véritables pyramides (Gour, Gara), atteignant quelquefois de quarante jusqu'à cent mètres de hauteur, véritables témoins du sol primitif, dont ils présentent toutes les couches régulièrement superposées (1). Dans les terrains argileux, aussi bien du Sahara Algérien que du Sahara Marocain, les Gour affectent souvent la forme de véritables murailles régulières, de dimensions variables, souvent considérables, et dans le

(1) Projection sur le tableau d'une vue photographique, prise par M. P. Marès, d'une colline rocailleuse des environs de Laghouat.

(2) Projection de la vue d'un Gour, au sud de Metlili, dessinée par M. A. Letourneux. — Projection d'une vue photographique de la Montagne-du-Lion près du Cap de Bonne-Espérance, très analogue aux Gour algériens en forme de cône.

lointain simulent de vastes fortifications (1). Cette puissance
d'érosion des eaux pluviales, bien qu'il ne soit pas rare que
dans le Sahara Algérien plusieurs années se passent presque
sans pluie, s'explique facilement par ce fait que les pluies sont
généralement torrentielles lorsqu'elles se produisent, et que,
agissant sur un sol desséché et crevassé, elles peuvent en
quelques heures creuser des ravins aussi profonds que des
lits de rivières.

Les sables meubles et les dunes du Sahara présentent généralement pour la végétation des conditions très différentes
de celles des plaines à terrain compact, quelle que soit la
composition de leur sol. — Les dunes de sable dans le Souf, au
sud du Souf et jusque vers Ghadamès, au sud d'Ouargla, dans
la région des Areg de l'ouest, etc., couvrent d'immenses étendues qui mesurent souvent dix, vingt, cent lieues carrées et
plus. Le sable ténu des dunes s'amoncelle dans des directions
déterminées par les moindres reliefs du terrain, par des arbres,
des arbustes et même par des touffes de plantes vivaces ou annuelles, ou par l'influence des vents dominants pour former
des couches régulières ou ondulées, des tumulus ou de véritables montagnes de sable de plusieurs centaines de mètres
de hauteur. Les formes des dunes sont des plus variées : tantôt
elles représentent les vagues d'une mer soulevée par la
tempête, tantôt elles s'amincissent en crêtes tranchantes (sif,
sabre), tantôt elles offrent des sommets arrondis, tantôt la
mobilité du sable en exclut toute végétation, tantôt, au contraire, elles sont couvertes d'une végétation abondante
(Drinn [*Arthratherum pungens*], une espèce de Souchet [*Cy-*

(1) Projection de la vue de Gour en forme de murailles : Gour au
sud de Brezina, dessinés par M. P. Marès ; Gour près de l'Oued Guir,
au Maroc, dessinés par M. le capitaine Kessler (cette dernière vue est
empruntée au *Bulletin de la Société de géographie*).

perus conglomeratus], Retem [*Retama Rœtam*], Merkh [*Genista Sahàrœ*], Alenda [*Ephedra alata*], Zeïta [*Limoniastrum Guyonianum*], Ethel [*Calligonum comosum*], etc.). — Toutes les dunes que nous avons traversées reposent sur un sol compact, qui parfois est mis à nu, au fond de véritables entonnoirs creusés par les tourbillons de vent; le sable qui les constitue participe à la composition du sol auquel elles sont superposées et n'a été apporté que de faibles distances, s'il ne s'est pas formé sur place. Il nous semble démontré que le sable des dunes, dont une partie a pu être déposée par la mer qui, jadis, a occupé une grande partie du Sahara, se produit incessamment à notre époque par une sorte de désagrégation du sol argilo-sablonneux des plaines analogue à l'effritement des galets et des roches maritimes par les vagues de la mer. Le sol du Sahara, après les pluies parfois diluviennes de l'hiver, présente une surface unie, battue pour ainsi dire; cette surface, d'abord pénétrée d'humidité, ne tarde pas, en se déssèchant, à se fendiller et à se soulever par plaques minces tendant à s'enrouler sur elles-mêmes. Quand les vents du sud, si violents et à température élevée de 45° à 52°, viennent à souffler, ces plaquettes se réduisent en poudre, la partie argileuse est emportée, sous forme de poussière impalpable, à d'immenses distances, souvent jusque sur les côtes de l'Europe, tandis que la partie sablonneuse, plus dense, se dépose dans la plaine elle-même pour y constituer à la longue ou accroître les dunes qui offrent toutes les variétés de dispositions et de formes des dunes maritimes, mais généralement dans des proportions bien plus considérables.

Les vents du sud, bien qu'ils soufflent assez rarement, pendant vingt à vingt-cinq jours par année, et généralement par périodes de deux ou trois jours au plus, sont

les agents principaux de la dispersion des espèces végétales et une des principales causes des chaleurs torrides de
la région si favorable pour la culture du Dattier, qui, depuis
sa floraison jusqu'à la maturité de ses fruits, exige une somme
de température évaluée assez exactement à 6 000 degrés centigrades. Les vallées presque rectilignes, dirigées dans le sens
des méridiens et qui aboutissent au Sahara, présentent sur
les deux versants qui les encaissent la même végétation saharienne, et souvent à d'assez grandes distances de leur
ouverture méridionale, tandis que, au contraire, les vallées
courbes ou obliques ne présentent cette végétation que sur
les pentes recevant les chauds effluves des vents du sud.
Si, en raison de la largeur de l'entrée des vallées ou de vastes
coupures dans le relief montagneux qui sépare les Hauts-
Plateaux de la Région Saharienne, les vents du Sud peuvent
exercer leur puissante influence, le Dattier amène ses fruits
à maturité complète, à des altitudes de 1 000 mètres, comme à
Tyout, tandis qu'il ne peut plus être cultivé que comme arbre
d'ornement dès 200 à 300 mètres d'altitude dans les vallées
aboutissant au Sahara, si par leur direction elles s'opposent
à l'accès de ces vents. — Quelquefois avec les vents du nord
qui sont les vents dominants, comme je viens de le dire,
alternent brusquement les vents du sud et, à des chaleurs
tempérées, succède, presque sans transition, une température égale à celle du Sénégal. Ces vents du sud (Siroco,
Chyli, Simoun) ont souvent une telle violence qu'ils font plier
les Dattiers, dont la cime semble s'incliner jusqu'au sol, et
qu'ils se font sentir jusqu'en Sicile et même sur le littoral
nord de la Méditerranée. — Le Siroco, cause de souffrance
et d'effroi pour le voyageur, impressionne vivement ceux qui,
pour la première fois, ont à en subir les atteintes. Le ciel,
obscurci par la poussière impalpable que l'atmosphère tient

en suspension, prend une teinte sombre où le soleil n'apparaît plus que comme un disque rougeâtre; la température s'élève depuis 45° jusqu'à 52° et on ressent une chaleur aussi ardente que si l'on était exposé au rayonnement d'une fournaise incandescente, le sentiment de malaise est rendu encore plus insupportable par la poussière ténue qui pénètre dans les yeux, les oreilles et les organes de la respiration (1). Il ne faut pas toutefois s'exagérer le danger causé par le Siroco, car s'il a pu faire dévier des caravanes de leur route et amener ainsi leur perte, ce n'est que dans des cas très exceptionnels qu'il peut créer un véritable péril par les flots de sable qu'il soulève.

La sécheresse de l'atmosphère et l'élévation de la température du Sahara pendant l'été en excluraient toute végétation sans les rosées abondantes qui se produisent souvent pendant la nuit, et sans l'humidité que retient souvent le sol lorsqu'il a été détrempé par les pluies diluviennes de certains hivers. Cette humidité, aussi bien dans le sol compact que dans le sable des dunes, produit souvent à une faible profondeur un abaissement de température favorable à la végétation (2) et fournit aux plantes la quantité d'eau néces-

---

(1) A Ngoussa, par un siroco intense, alors que nous étions, mes compagnons et moi, accablés par une chaleur brûlante, nous voyions de toutes parts sortir du sable les insectes caractéristiques de la contrée, dont jusque-là, malgré nos recherches, nous n'avions pu recueillir que quelques individus seulement.

(2) Presque tous les ans en hiver, les plantes, dans le Sahara, ont à subir des froids de — 3° à — 8°, tandis qu'en été, elles sont exposées à des températures de + 40°, de + 45°, et sous l'influence du Siroco ou du rayonnement de + 50° et même + 70°. Si ces plantes ne sont pas tuées par ces températures extrêmes, elles le doivent à ce que les froids de l'hiver se produisent généralement au moment où elles ne sont pas encore en pleine végétation et que les chaleurs torrides de l'été ne les atteignent qu'après qu'elles ont fructifié et dis-

saire à leur développement et que l'élongation de leurs racines leur permet d'absorber. Ainsi, tandis que le sable d'une dune, à sa surface exposée au soleil, avait une température de 50° et même de 70°, à un décimètre de profondeur il ne présentait plus qu'une température de 25°. L'eau des puits temporaires (hassi), creusés dans les dépressions des dunes ou dans le lit sablonneux des oued, et à moins de deux ou trois mètres de profondeur, n'atteint guère que 19°.

La culture en grand du Dattier *(Phœnix dactylifera)* (1) est

---

séminé leurs graines. Ces mêmes plantes, cultivées en plein air dans notre climat tempéré, résistent à des températures très basses (dans le jardin de Bordeaux, elles ont supporté, sans en souffrir, un froid supérieur à — 18°), tandis que souvent elles périssent en été par des températures qui ne dépassent pas 25°, mais qui se produisent à une période de leur développement autre que celui où elles y sont soumises dans leur pays natal. Ce fait est de même ordre que la mort des plantes alpines qui, dans nos jardins, sont tuées par le froid, vers la fin de l'hiver et au premier printemps, si elles ne sont pas convenablement abritées; elles meurent par le froid parce qu'au lieu d'entrer en végétation en été, elles se sont développées prématurément. Telle est l'explication scientifique de la mort dans nos jardins des plantes sahariennes par la chaleur et des plantes alpines par le froid.

(1) La patrie originelle du Dattier a été jusqu'ici aussi controversée et aussi incertaine que celle de la plupart de nos végétaux alimentaires ou utiles et de nos céréales; mais des faits rigoureusement établis permettent d'admettre que cet arbre, si approprié aux conditions générales du climat du Sahara, est réellement originaire de cette contrée, bien qu'il n'y existe plus à l'état sauvage. Webb, l'illustre auteur de l'*Histoire naturelle des îles Canaries,* rappelle que, d'après Pline, le Dattier existait dans les îles Canaries incultes et désertes avant l'arrivée des Gétules. Bourgeau, un des voyageurs botanistes qui ont le mieux mérité de la science, a constaté sur quelques points de ces îles l'existence d'une variété du Dattier présentant tous les caractères d'un végétal sauvage : les feuilles de cette variété sont vertes et non pas glaucescentes comme dans l'arbre cultivé; ses fruits sont à peine charnus. Ce botaniste a vu dans l'île de Gomère le Dattier sauvage se reproduire abondamment de graines sur les rochers, où il atteint la même altitude que les bois; il en a observé plusieurs pieds dans le

l'expression des conditions physiques et climatériques si spéciales que présente le Sahara. Le Dattier est la véritable base des jardins des oasis (1); par ses produits, il suffit à presque tous les besoins des habitants, et par son ombrage tutélaire, il permet les autres cultures en les garantissant des ardeurs du soleil et des variations brusques de température, en maintenant dans le sol et l'atmosphère du climat local de l'oasis l'humidité nécessaire au développement des végétaux plus délicats. Grâce à cet arbre précieux, la présence de l'eau suffit pour fertiliser les plaines du Sahara, qui, sans lui, seraient réduites à une éternelle stérilité. Les conditions les plus essentielles pour la culture du Dattier sont une grande somme de chaleur, au moins pendant l'été, la pureté du ciel, la rareté des pluies et une humidité suffisante du sol; aussi les Arabes, dans leur langage imagé, disent-ils : « Ce roi des oasis doit plonger son pied dans l'eau et sa tête dans le feu du ciel. »

Pour vous donner une idée des divers types que présentent les oasis et du port des principales variétés du Dattier, je vais faire passer sous vos yeux une série de projections,

cratère de l'île de Palma et deux dans l'île de Fuerteventura. Si on rapproche ces faits de l'existence actuellement constatée dans le Maroc méridional, vers l'Oued Noun, de plantes considérées jusqu'ici comme exclusivement propres aux Canaries (*Drusa oppositifolia, Astydamia Canariensis*) ou au Cap-Vert (*Pluchea ovalis*), on reconnaîtra combien est probable l'opinion que le Dattier est originaire de la partie de l'Afrique à laquelle les Canaries étaient sans doute rattachées à une époque géologique antérieure, avant la submersion de la portion de continent dont ces îles, ainsi que les archipels de Madère et des Açores, seraient les vestiges.

(1) Il n'y a pas d'oasis en Europe, si ce n'est sur la côte orientale d'Espagne, où, à Elche, il existe une véritable oasis de 60 000 Dattiers mûrissant leurs fruits. Avec la présence du Dattier, à Elche, coïncide celle de nombreuses espèces qui, en Algérie, sont caractéristiques de la Région Saharienne.

de photographies et de dessins (1), mais je ne pourrai aborder les détails que j'aurais à vous exposer sur la culture de cet arbre, qui est pour les indigènes l'objet d'autant de soins que le sont en Europe les arbres fruitiers et qui présente d'aussi nombreuses variétés. Cet exposé, pour lequel je vous renvoie à une de mes publications (2), devrait à lui seul être l'objet d'une conférence spéciale.

Dans la plupart des oasis, le Dattier est arrosé par des canaux d'irrigation (*saguia*), qui sont alimentés, vous le savez, par des cours d'eau, par des dérivations ou des retenues de ces cours d'eau, par des sources naturelles, par de véritables puits artésiens à eau jaillissante, comme dans l'Oued-Rir, à Tougourt et à Ouargla, par des puits ou par des citernes. Ce n'est que dans le Souf que les Dattiers n'ont pas besoin d'irrigation. Ils n'y sont pas disposés d'ailleurs comme dans

(1) Vue photographique de l'oasis d'El-Kantara. — Vue photographique d'une partie de l'oasis de Biskra. — Autre vue photographique prise dans l'oasis de Biskra. — Gourbis nègres dans l'oasis de Biskra. — Campement dans l'oasis de Brezina, où les Dattiers croissent en touffes, n'ayant pas été débarrassés de leurs rejets, comme on le fait dans les oasis bien tenues, dessin de M. Valette. — Groupe de Dattiers de l'oasis de Brezina, photographie de M. P. Marès. — Oasis de Tyout, arrosée par l'Oued Tyout, photographie de M. P. Marès. — Oasis et villes de Ghardaïa, Beni-Isguen et Melika, dans le Mzab, dessin de M. P. Marès. — Oasis d'El-Abiod-Sidi-Cheikh, à Dattiers isolés et arrosés au moyen de puits, dessin de M. Valette. — Oasis de Figuig, au Maroc, présentant à peu près le même type, dessin de M. le lieutenant Perrot publié dans le *Bulletin de la Société de géographie*. — Ksar et oasis d'El-Golea, dessin de M. le docteur Thiébault communiqué par M. le docteur V. Reboud. — Vues photographiques d'oasis égyptiennes montrant l'extrême analogie de ces oasis avec celles de l'Algérie. — Dessin des principales variétés du Dattier, d'après des sujets de l'oasis de Biskra, et d'un Dattier à deux cimes existant dans la même oasis.

(2) E. Cosson et P. Jamin, *De la culture du Dattier dans les oasis des Ziban*, publié dans le *Bulletin de la Société botanique de France* (1855).

les autres oasis en massifs continus; ils sont plantés dans des excavations plus ou moins vastes en forme de cônes renversés (*ritan*), creusées de main d'homme dans le sable des dunes à une profondeur suffisante pour atteindre les sables humides. Malgré les haies de feuilles de Dattier ou les petits murs qui garnissent les crêtes ou les pentes de ces excavations, les habitants ont constamment à lutter contre l'envahissement des sables des dunes voisines. L'humidité du terrain suffit pour assurer la végétation des Dattiers, qui produisent ainsi sans irrigation des fruits de la meilleure qualité, grâce à la fraîcheur constante du sol et à la température élevée de l'air échauffé par le rayonnement des parois du trou en forme d'entonnoir dans lequel s'élèvent leurs cimes. Tous les quatre à cinq ans une partie des racines de chaque Dattier est mise à nu, et une couche de fumier est déposée sur ces racines; les vieux Dattiers sont déchaussés et replantés plus profondément pour favoriser le développement de nouvelles racines adventives. — Les quelques plantes alimentaires, industrielles ou fourragères, parmi lesquelles on est étonné de retrouver la Luzerne et une variété de Ray-Grass (*Lolium Italicum*), sont cultivées dans des jardins spéciaux. Ces jardinets, qui n'ont souvent que quelques mètres de superficie, sont entourés de haies sèches de feuilles de Dattier et arrosés au moyen de puits peu profonds, dont l'eau est extraite par l'appareil primitif de bascule désigné vulgairement sous le nom de chèvre; ils sont partagés en plusieurs carrés dans lesquels l'eau est distribuée par de petits canaux rendus imperméables par un enduit de plâtre, de telle sorte que chaque plante reçoive exactement la quantité d'eau nécessaire à sa végétation (1).

(1) Projection sur le tableau d'un dessin de M: A. Letourneux, repré-

L'ensemble des végétaux croissant spontanément dans le
Sahara algérien, en dehors des cultures (où, par l'irrigation
et par l'ombrage du Dattier, les plantes les plus vulgaires, les
mauvaises herbes, de la Région Méditerranéenne et même du
centre de l'Europe, trouvent les conditions de leur développement), n'atteint pas 500 espèces. L'examen de la statistique
botanique comparée de la Région Saharienne (1) démontre
que les plantes d'Europe et celles du bassin méditerranéen y
jouent un rôle beaucoup moins important que dans les
autres régions. Les analogies avec l'Italie sont à vrai dire
nulles. Les affinités dominantes sont avec l'Orient désertique

---

sentant un des *ritan* qui constituent l'oasis de Kouinin, et d'une vue
photographique, prise par M. P. Marès, d'un groupe de jardins dans le
Souf.

(1) Les 560 espèces observées dans la région Saharienne de la province de Constantine, aux environs de Biskra (où se trouvent réunies
la plupart des espèces du Sahara algérien), se répartissent de la
manière suivante au point de vue de la géographie botanique : Végétation européenne, 99 ; Région méditerranéenne de l'Europe, 185 ; Région
méditerranéenne occidentale, 33 ; Espagne et Portugal, 23 ; Italie et
Sicile, 1 ; Région méditerranéenne orientale de l'Europe, 10 ; Orient,
12 ; Orient désertique, 86 ; Espagne et Orient, 33 ; Plantes spéciales, 74 ;
Plantes n'appartenant pas aux catégories ci-dessus, 4. — Si l'on fait
la somme des espèces appartenant aux diverses parties du bassin
méditerranéen, on voit que cette somme est de 285 ; si l'on y ajoute
les 99 espèces d'Europe, on obtient le total de 384, tandis que les
autres éléments de la végétation sont représentés par 205. En addi-
tionnant les chiffres qui représentent les affinités orientales on arrive
au total de 111. En faisant abstraction des plantes qui, dans la Région
Saharienne, ne se rencontrent que dans les cultures et dans les oasis,
le nombre des espèces est réduit à 416, et ce chiffre est évidemment
encore trop fort, car, aux environs de Biskra, les eaux ont amené dans
la plaine saharienne des espèces étrangères à la région. En opérant la
réduction indiquée, le nombre des espèces d'Europe n'est que de
37, au lieu de 99, et la somme des espèces appartenant aux diverses
parties du bassin méditerranéen n'est plus que de 170, au lieu de 285,
les autres éléments de la végétation restant au contraire représentés
par les mêmes chiffres.

représenté surtout par l'Égypte, une partie de la Palestine, l'Arabie et une partie de la Perse méridionale. Le nombre des espèces qui se retrouvent à la fois en Espagne et en Orient y est relativement considérable. C'est surtout pour la Région Saharienne que nous trouvons la confirmation de la loi d'après laquelle les influences selon la latitude sont dominantes dans l'intérieur, loi qui, pour rendre ma pensée d'une manière plus saisissante, peut encore être exprimée de la manière suivante : sous le rapport de la géographie botanique, en Algérie, s'éloigner du littoral dans le sens du méridien, c'est moins se rapprocher du tropique que de l'Orient (1).

La zoologie n'indique pas moins clairement les affinités du sud de l'Algérie avec les déserts de l'Orient : le Lièvre d'Égypte (*Lepus Isabellinus*), y est commun; la Gazelle, qui habite également l'Arabie, s'y rencontre par bandes nombreuses, et l'*Antilope Addax*, de la Nubie, a été retrouvé dans les dunes des Areg de l'ouest; le Fennec (*Canis Zerda*) est aussi répandu dans le Sahara algérien qu'en Nubie et en Abyssinie. Plusieurs reptiles, le Varan ou Monitor d'Égypte (*Varanus arenarius*) et le Céraste ou Vipère cornue (*Cerastes*

---

(1) Je ferai observer toutefois qu'en raison de la sécheresse atmosphérique que les déserts de l'Afrique doivent à leur situation continentale et à l'absence de grands cours d'eau permanents, nombre de plantes désertiques s'avancent plus vers le nord en Algérie, qu'en Égypte, par exemple. Les plantes tropicales, en raison des mêmes influences de sécheresse, ont au contraire, dans les déserts situés au sud de l'Algérie, leur limite septentrionale plus reculée vers le sud qu'elle ne l'est en Orient. Ainsi le Palmier-Doum (*Cucifera Thebaica*) qui, en Égypte, s'avance vers le nord jusqu'au 29e degré (Bové), aurait, dans le Sahara, sa véritable limite nord vers le 21e, d'après le docteur Barth. Plusieurs espèces du genre *Acacia* et le Séné (*Cassia obovata*) qui, en Égypte, se rencontrent jusque sous la latitude du Caire (30e degré), n'ont encore été observées dans le Sahara que vers Rhat, sous le 25e degré (Bouderba, H. Duveyrier).

cornutus), sont communs à l'Égypte et au Sahara algérien. L'entomologie des deux pays est très analogue, ainsi que l'ont constaté les recherches les plus récentes.

Le caractère le plus saillant de la végétation saharienne est son uniformité, mise en évidence par la présence des mêmes espèces caractéristiques dans des stations qui diffèrent par l'altitude (1), la nature et les accidents du sol.

Le plus grand nombre des plantes du Sahara sont vivaces, croissent en touffe et ont un aspect sec et maigre, un port raide et dur tout à fait caractéristique. De nombreuses espèces sont plus ou moins ligneuses, mais les véritables arbres, sauf le Dattier et les autres plantations des oasis, ne sont que des exceptions. Dans les plaines sahariennes, riches en Salsolacées frutescentes, diverses espèces de *Tamarix* sont presque les seuls végétaux ligneux arborescents, avec l'Alenda (*Ephedra alata*), le Zeïta (*Limoniastrum Guyonianum*), l'Arta ou Ezel (*Calligonum comosum*), le Retem (*Retama °Rœtam*), le Merkh (*Genista Saharæ*), etc. Un seul arbre rappelle par son développement ceux de nos pays tempérés : c'est le Betoum (*Pistacia Atlantica*), qui, appartenant plus spécialement à la Région des Hauts-Plateaux, s'avance au sud, dans les Daïa et les grands ravins du Mzab, au delà du 33e degré de latitude. Une Graminée, le Drinn (*Arthratherum pungens*), représente, dans les dunes du Sahara, les touffes espacées de l'Alfa de la Région des Hauts-Plateaux, et y joue un rôle aussi important

(1) L'oasis de Tyout est à environ 1 000 mètres d'altitude, celle de Laghouat à près de 800 mètres, celle de Biskra à 137 mètres ; les grandes dunes qui existent à l'extrême sud de la province d'Oran (Daïa de Habessa) sont, d'après M. P. Marès, environ à 400 mètres ; la plupart des villes de la confédération du Mzab ont une altitude de 300 à 500 mètres ; la ville de Tougourt est à 90 mètres, celle d'Ouargla à 145 mètres. Quelques points au voisinage du Chott Melghir et le lit de ce Chott sont même au-dessous du niveau de la mer.

pour le pacage des troupeaux. Ses graines (*loul*) servent à la fabrication d'un couscoussou grossier. Chez les Touareg, pendant les années de disette, les femmes et les enfants recueillent dans les fourmilières les graines du Drinn que les fourmis y ont accumulées. Sur de nombreux points des dunes croît aussi une espèce de Cypéracée, le *Cyperus conglomeratus,* qui, avec le Drinn, y forme la base des pâturages.

Le Sahara algérien, en raison de ses conditions physiques et climatériques si spéciales, est la partie de l'Algérie la moins favorable à la colonisation et aux cultures européennes. Cependant déjà les oasis septentrionales de Biskra et de Laghouat se sont enrichies par de nombreuses introductions, dues à l'intelligente activité de l'Administration, et ces nouvelles sources de production sont appelées à se généraliser. Ainsi la plupart des espèces et variétés de nos arbres fruitiers, et presque toutes nos plantes potagères ont été acclimatées dans ces deux oasis, où, par l'ombrage des Dattiers et l'irrigation, elles retrouvent pour ainsi dire un milieu européen. On pourra également faire quelques utiles emprunts à l'Orient. Parmi les végétaux dont l'introduction ou la multiplication nous paraît le plus utile, nous nous bornerons à citer diverses espèces de Peupliers, les *Populus nigra, P. alba* et le *P. Euphratica,* arbre oriental, retrouvé dans la partie chaude des Hauts-Plateaux marocains par M. le docteur Warion, et aux environs de Nemours, dans la province d'Oran, par le regretté docteur Krémer; diverses espèces de Saule, les diverses espèces de *Tamarix* indigènes; le *Pistacia Atlantica,* qui existe déjà dans les parties montueuses du Sahara et dans les Daïa, au sud de Laghouat; le Caroubier (*Ceratonia Siliqua*), le Jujubier (*Zizyphus vulgaris*), le *Zizyphus Spina-Christi,* le Cyprès, le *Melia Azedarach,* le *Cordia Myxa,* le *Schinus molle,* l'*Elœagnus Orientalis*; diverses

espèces d'*Acacia* (*A. Nilotica, Verck, Arabica, Lebbek*), importantes pour le bois de construction qu'elles fournissent ou
pour la gomme arabique que plusieurs d'entre elles pourront
produire. Parmi les *Acacia* gommifères dont la réussite est
assurée, doivent prendre place en première ligne l'*Acacia*
gummifera, croissant dans le Maroc sous les mêmes latitudes,
et l'*Acacia tortilis,* formant un véritable bois en Tunisie, au
sud-ouest de Sfax, comme l'ont constaté Pellissier et mon
ami M. Doûmet-Adanson, qui, le premier, en a rapporté des
échantillons ayant permis la détermination de l'espèce. Le
Sycomore d'Égypte (*Ficus Sycomorus*), en raison de son rapide développement, de son ombrage et de la ténacité de son
bois, pourrait être planté avec avantage dans les oasis récentes, auprès des puits et dans les lieux humides et insa-
lubres qu'il assainirait, comme ceux de la Région Méditerranéenne l'ont été par les plantations d'*Eucalyptus.*

Indépendamment de nos arbres fruitiers de l'Europe
centrale, tels que diverses variétés de Pêchers, d'Abrico-
tiers, de Pruniers, de Cognassiers, etc., on pourrait multiplier ou introduire de bonnes variétés des arbres fruitiers
de la Région Méditerranéenne, particulièrement de l'Oranger,
du Citronnier et du Grenadier, qui existent déjà dans les
oasis. La présence de l'Olivier dans les oasis de Biskra, où
ses fruits atteignent une grosseur exceptionnelle, et l'importance de sa culture à Gabès et dans d'autres oasis de la
Tunisie, démontrent qu'il pourrait être planté avec avantage
dans la plupart des oasis algériennes. Le Mûrier croît très
bien à Biskra. — Parmi les végétaux alimentaires, l'introduction des blés précoces, et notamment ceux de l'Abyssinie,
permettrait l'extension de la culture des céréales (1) en dehors

_____

(1) L'Orge est la céréale la plus cultivée, au moins dans les oasis

de l'abri des Dattiers ; la culture de certaines variétés de Riz et en particulier du Riz sec, a été expérimentée à Biskra avec succès. L'extension de la culture du Maïs, du Sorgho, fournirait aux Sahariens de précieuses ressources alimentaires ; il en serait de même de la culture en grand de la Lentille, du Pois chiche, des *Dolichos,* du Lupin, de la Pomme-de-terre et de la plupart de nos légumes d'Europe. — Parmi les végétaux industriels, le Cotonnier, l'Indigo, le Carthame, la Garance peuvent être cultivés en grand ; le Lin réussit dans les oasis, et il en serait probablement de même du Chanvre, cultivé comme plante textile, du Sésame et de l'Arachide. Le Sorgho sucré, d'après les essais faits à Biskra, paraît devoir donner de bons résultats. — Aux plantes fourragères déjà cultivées par les indigènes, particulièrement dans le Souf, telles que la Luzerne et le Ray-grass, pourrait être ajouté le Trèfle d'Alexandrie, qui, en Égypte, constitue la principale ressource fourragère. Le Henné (*Lawsonia inermis*), qui, dans les jardins des oasis, n'est qu'assez rarement cultivé ou n'y occupe que des espaces restreints, est une des plantes orientales qui pourrait le plus utilement être multipliée, ses feuilles offrant à l'industrie d'importants produits pour la teinture en

---

septentrionales ou dans les endroits irrigués au voisinage de ces oasis. On est frappé de voir réussir dans le Sahara, vers le 34e ou le 35e degré de latitude, la céréale qui s'avance le plus dans le nord de l'Europe, où sa culture atteint aux îles Feroë le 62e et en Laponie le 70e degré de latitude. Dans les pays de l'extrême nord, elle doit ses conditions de développement, comme l'établit M. Ch. Martins, à la présence perpétuelle du soleil au-dessus de l'horizon qui compense la diminution de chaleur de l'été. Dans le Sahara, au contraire, la possibilité de sa culture est due à ce que sa maturité a lieu avant les chaleurs de l'été. Si dans les oasis on peut cultiver également la plupart de nos légumes d'Europe et même le Fraisier, c'est qu'en hiver et au printemps, époque où ils sont en pleine végétation, ils y retrouvent à peu près les conditions du climat européen.

noir de la soie. Le Pavot, cultivé en grand pour l'extrac-
tion de l'opium, pourrait nous affranchir du tribut que nous
payons à l'Orient. La culture du Coton, qui, vous le savez,
tient une large place dans l'agriculture égyptienne, obtien-
drait un succès assuré dans les terrains irrigables, comme le
démontrent, du reste, les importants essais faits à Biskra et
à El-Outaïa, de même que son existence dans les jardins des
oasis de l'Oued-Rir et de Ghat.

La Région Saharienne, par son climat extrême et la nature
de ses cultures toutes spéciales, est, je le répète, peu appropriée à la colonisation européenne; elle devrait, dans
son ensemble, être réservée aux Arabes pour le pacage de
leurs troupeaux pendant l'hiver, les terrains irrigués ou irrigables étant attribués aux Berbères qui habitent les oasis et
savent mettre en œuvre les ressources agricoles du pays (1).

Je viens d'esquisser les caractères généraux des régions
naturelles de l'Algérie, en m'appuyant principalement sur
les données fournies par la statistique végétale, qui, mieux

---

(1) Sous la domination des Arabes et des Turcs, les oasis étaient
fréquemment dévastées par la guerre et les razzia, les Dattiers étaient
abattus, les eaux d'irrigation détournées, les puits comblés ou effondrés, aussi l'étendue et le nombre des centres de population ten-
daient-ils sans cesse à se réduire. Nul doute que sans la domination
française, qui a mis fin aux conflits armés de tribu à tribu, d'oasis à
oasis, les plus prospères d'entre elles n'eussent été complètement
ruinées. — Quand l'Arabe nomade est propriétaire d'une oasis, il
n'accorde que la moitié des produits à l'indigène Berbère qui en cul-
tive le sol, et trop souvent il ne se contente pas de cette part léo-
nine. Pour se faire une idée de la funeste influence de la domination
des Arabes nomades, il faut avoir visité, en 1856, les oasis et les
Ksour de la province d'Oran, alors soumis, ainsi que l'oasis

que les autres sciences d'observation, exprime la moyenne
des influences·dominant dans une contrée. J'ai indiqué, en
outre, les productions naturelles ou agricoles de ces régions,
et je crois avoir montré l'intérêt qu'il y a, au point de vue de
l'agriculture et de la colonisation, à ne pas attribuer à la colonie
entière ce qui n'est vrai que pour une de ses régions. Trop
souvent, avant les explorations récentes, exécutées par mes
amis et par moi, et qui ont compris l'ensemble du pays, on
a considéré la Région Méditerranéenne comme présentant la
moyenne des conditions générales de l'Algérie. Nous venons
de.voir qu'il n'en est pas ainsi, et, qu'au point de vue pratique aussi bien qu'au point de vue scientifique, il faut tenir
compte des affinités de chacune des régions. Les introductions tropicales, je le répète avec insistance, même dans la
Région Méditerranéenne, la seule qui, par l'égalité de son climat, leur offre des chances de succès, et seulement dans des
localités privilégiées ou convenablement préparées par des
soins horticoles, ne peuvent être que des exceptions. La pros-
périté de la colonisation, compromise tant que, contrairement
aux données scientifiques, on avait laissé aux Arabes le mono-
pole des grandes cultures, en ne réservant guère aux Européens que les cultures industrielles, a pris un rapide essor

d'Ouargla, à l'oppression de la puissante famille de Si-Hamsa. Les
maisons des Ksour, d'une hideuse malpropreté, tombaient presque en
ruines; les Dattiers morts n'étaient pas remplacés, et ceux qui consti-
tuaient encore les oasis croissaient en touffes, les habitants ayant négligé
d'en enlever les rejets. A Ouargla, en 1858, une partie de la ville était
inhabitée et en ruines, nombre de jardins étaient presque incultes.
Les tributaires de Si-Hamsa disaient : « Pourquoi travaillerions-
nous? Si-Hamsa nous prend tout, et s'il nous laisse les yeux pour
pleurer, c'est qu'il n'en peut rien faire » ; et cependant l'impôt que
Si-Hamsa devait prélever par pied de Dattier n'était que de quinze
centimes au lieu de quarante payés à la France dans les oasis septentrionales, bien que les dattes y soient de qualité bien inférieure.

depuis que l'on est revenu à l'application de ces données, trop longtemps mises en oubli et que les efforts des colons ont porté principalement sur les cultures européennes (1).

OBSERVATIONS SUR LE

PROJET DE MER INTÉRIEURE

Permettez-moi, pour terminer cette conférence, que la variété et l'étendue du sujet m'ont fait prolonger au delà des limites habituelles, de vous exposer brièvement un projet qui, s'il devait jamais être réalisé, présenterait entre autres dangers celui de compromettre la culture du Dattier, non seulement dans l'Oued-Rir, mais aussi dans le Blad-el-Djerid et dans le Nefzaoua, c'est-à-dire dans les contrées les mieux appropriées à cette culture. Je vais vous entretenir du projet d'établissement d'une mer dite intérieure ou saharienne, mer qui ne serait, en réalité, qu'un simple prolongement occidental du golfe de Gabès, qui ne pénètrerait en Algérie que

---

(1) D'après les documents officiels, la population européenne est actuellement en Algérie de 353 000 habitants, et le commerce de l'Algérie avec l'Europe atteint 380 millions de francs.

Lors de la cruelle disette qui a suivi l'insurrection presque générale de 1871, malgré les avantages qu'offrait encore aux Arabes la constitution de la propriété dans une grande partie du pays, ce sont eux qui en ont ressenti les terribles atteintes et leurs tribus, décimées par la famine, eussent été presque anéanties sans les secours accordés généreusement par les colons aux ennemis qu'ils venaient de combattre.

sur une faible étendue de la partie méridionale de la province de Constantine, et à peu de distance de Biskra, c'est-à-dire vers la limite nord du Sahara.

La projection sur le tableau de la carte dressée par l'auteur même du projet ne permettra pas de révoquer en doute l'exactitude des indications topographiques sur lesquelles je veux appeler votre attention. L'examen de la carte dressée par le commandant Roudaire, auquel, du reste, je rends hommage pour l'intérêt scientifique des nivellements qu'il a exécutés en Algérie et en Tunisie, est, suivant moi, loin de démontrer que les Chott Melghir, Gharsa et Djerid aient, dans les temps historiques, et même dans les temps les plus reculés de l'époque géologique actuelle, communiqué entre eux et avec la Méditerranée à Gabès. Les reliefs montueux qui séparent les Chott et celui qui, à Gabès, sépare le Chott Djerid de la Méditerranée, me paraissent démontrer que les trois grands Chott Melghir, Gharsa et Djerid ont toujours été des dépressions isolées et tout à fait analogues aux Chott des Hauts-Plateaux (Chott El-Gharbi, Chott El-Chergui, etc.), dont l'altitude (environ 1 000 mètres) ne permet certainement pas d'admettre qu'ils aient été en communication avec la mer. La présence de ces reliefs est une grave objection à la théorie qui admet une communication relativement récente des Chott entre eux et avec la mer, mais une objection plus grave encore, c'est la direction de la pente générale et la profondeur relative du lit des Chott. Pour qu'ils aient pu recevoir les eaux de la Méditerranée ou, au contraire, déverser leurs eaux dans cette mer, il faudrait que la surface du Chott le plus oriental, le Chott Djerid, fût au moins au niveau de la mer tandis qu'elle est, au contraire, d'après les derniers nivellements de M. Roudaire, tout entière au-dessus de ce niveau.

Je reconnais que les difficultés résultant, pour la réalisation du projet, de l'altitude et de l'étendue des reliefs montueux à traverser, de la pente et du niveau du lit des Chott, de la nature des divers sols à creuser, des températures extrêmes auxquelles seraient exposés les ouvriers employés aux terrassements, etc., ne sont pas des obstacles absolument insurmontables pour l'art des ingénieurs à notre époque; mais il faut nécessairement que l'énormité des dépenses à faire, le trouble profond qui serait apporté dans les intérêts et les habitudes des indigènes, les dangers auxquels on exposerait des milliers d'existences humaines par le creusement ou le déblai de terrains pénétrés d'infiltrations trouvent une compensation suffisante dans l'importance des résultats qui seraient obtenus. C'est ce côté de la question, et le plus important, qu'il nous reste à examiner. D'après une note de M. Roudaire (*Comptes rendus de l'Académie des sciences*, juin 1877), en réponse aux objections de mon confrère M. Naudin, les avantages du projet sont :

« 1° *Amélioration profonde du climat de l'Algérie et de la Tunisie;*

« 2° *Ouverture d'une nouvelle voie commerciale pour les régions situées au sud de l'Aurès et de l'Atlas et pour les caravanes du centre de l'Afrique;*

« 3° *Amélioration des conditions hygiéniques de la contrée;*

« 4° *Sécurité complète pour l'Algérie, car nos troupes pouvant débarquer au sud de Biskra, il n'y aurait plus d'insurrection possible.* »

Sans exposer en détail toutes les considérations que j'ai déjà présentées contre le projet de M. Roudaire, je me bornerai à discuter une à une ses conclusions en groupant mes arguments sous les titres mêmes adoptés par l'auteur du projet.

1° *Y aurait-il amélioration profonde du climat de l'Algérie et de la Tunisie?*

Le prolongement du golfe de Gabès jusqu'aux Chott méridionaux de la province de Constantine ne produirait aucun changement dans le climat général de l'Algérie et de la Tunisie. Le climat local lui-même ne subirait pas de modifications sensibles; les influences climatériques qui dominent dans le Sahara tiennent, en effet, à des causes trop générales pour être changées par la présence d'un bassin d'une étendue aussi faible, comparativement à l'immensité d'une région qui s'étend, en latitude, du versant sud de l'Atlas jusqu'à la limite des pluies estivales, c'est-à-dire environ du 34e degré au 12e degré de latitude nord, et, en longitude, de l'Océan Atlantique à l'Indus. Et ce n'est pas là une hypothèse, puisque la côte méridionale du Maroc présente, malgré l'immense évaporation de l'océan Atlantique, les caractères climatériques généraux du Sahara, et qu'il en est de même de Gabès, de la côte de la Tripolitaine et de la Cyrénaïque, malgré le voisinage de la Méditerranée. Vous connaissez tous, d'ailleurs, l'aridité et le climat extrême des bords de la mer Caspienne, de la mer d'Aral, de la mer Rouge et du golfe Persique, qui sont cependant de véritables mers intérieures.

Les vapeurs émises par la mer seraient, je l'ai dit déjà, sans influence ou presque sans influence sur le climat local lui-même, en raison de la rapidité avec laquelle ces vapeurs se dissoudraient dans les régions élevées d'une atmosphère pure et surchauffée. Du reste, s'il devait se produire un changement quelconque dans ce climat, ce serait au détriment de la culture du Dattier qui, comme les autres arbres fruitiers, redoute l'influence maritime (1) et qui, je le rappelle,

---

(1) Les oasis situées au bord de la mer, comme à Gabès, produisent des

pour donner ses meilleurs produits, a besoin d'une grande
somme de chaleur, de la rareté des pluies et de la sécheresse
de l'atmosphère. Ce qui est certain, c'est que les Dattiers des
oasis de l'Oued-Rir, du Blad-el-Djerid et du Nefzaoua situées,
pour la plupart, comme vous le voyez sur la carte de M. Roudaire, au voisinage immédiat de la mer projetée, seraient
exposés aux effluves marins qu'entraîneraient les vents du
nord et du sud si violents dans le Sahara, et ne donneraient
plus, comme aujourd'hui, des fruits de première qualité.

Pour obtenir l'assainissement du Chott Melghir en évitant
que, sur ses bords les eaux douces ne soient en contact avec
les eaux saumâtres, il ne serait pas besoin d'y amener les
eaux de la mer, il n'y aurait qu'à y creuser une profonde
tranchée, du nord au sud et de l'est à l'ouest, où se réuni-
raient, au printemps et en été, les eaux saumâtres qui en
hiver remplissaient son lit. — Pour rendre partout fertile le
sol de la plage occidentale du Chott, où les oasis forment une
série à peine interrompue, et permettre d'y multiplier encore
les centres de population, il suffira de continuer les forages
artésiens si brillamment inaugurés par l'Administration française. Quant aux terres situées entre l'Aurès et le Chott, pour
les fertiliser on devrait, comme l'avaient fait les Romains, y
conduire par des aqueducs ou des canaux les eaux des vallées
de l'Aurès, de l'Oued El-Abiod, de l'Oued El-Arab, etc.

2° *Quelle pourrait être l'utilité de l'établissement de la nouvelle voie commerciale pour les régions situées au sud de l'Aurès
et de l'Atlas et pour les caravanes du centre de l'Afrique?*

Les avantages que l'on a attribués au projet au point de
vue commercial ne me paraissent pas mieux établis. La plus

dattes de qualité inférieure à celles des oasis situées dans l'intérieur
des terres sous le même parallèle.

grande partie de la mer rêvée, le canal qui l'alimenterait et son embouchure se trouveraient en Tunisie, tandis qu'en Algérie nous n'en aurions guère que l'extrémité occidentale. Si donc cette mer, ce que je conteste, devait devenir un lieu d'embarquement pour une partie des produits importés du centre de l'Afrique par les caravanes qui de Ghadamès se rendent à Tripoli, on pourrait craindre, avec raison, que ces caravanes ne se portassent plutôt vers la portion de la mer située en Tunisie, chez une puissance musulmane que dans la province de Constantine qu'elles délaissent même pour le commerce des produits locaux, notamment celui des dattes (1). Remarquons, en outre, que si les caravanes du Sahara occidental et de Tombouctou se dirigent sur le Maroc, et celles du Sahara oriental sur Tripoli, en passant par Ghadamès, c'est pour éviter les dunes des Areg dont elles auraient à traverser l'immense étendue pour gagner la nouvelle mer soit en Algérie, soit en Tunisie. Ayant d'énormes distances à parcourir, ces caravanes tiendront toujours pour le choix de leur route un plus grand compte des difficultés du trajet que de la faible réduction qui serait apportée à ce trajet par la nouvelle mer. Un autre motif détermine encore les caravanes à délaisser l'Algérie, c'est l'abolition absolue de la traite des nègres dans nos possessions. Si, avant la domination française, quelques caravanes se rendaient en Algérie par Ouargla, c'est qu'elles y trouvaient un vaste marché ouvert à la vente des esclaves, principal article d'exportation du centre de l'Afrique et le seul qui n'exige pas de dispendieux frais de transport.

(1) Les meilleures dattes de l'Oued-Rir et celles du Souf sont presque toutes transportées à Tunis, d'où elles sont expédiées en Europe, ainsi que celles du Blad-el-Djerid et du Nefzaoua, sous le nom de dattes de Tunis.

3° *Y aurait-il amélioration des conditions hygiéniques de la contrée ?*

Il serait à craindre, au contraire, que le pays ne devînt presque inhabitable. Les variations de niveau de la nouvelle mer, résultant soit de l'évaporation, soit de l'action des vents sur la surface de la masse d'eau salée, soit du flux et du reflux, qui dans le golfe de Gabès s'élèvent à 2^m,50, amèneraient alternativement l'inondation et l'exondation des plages vaseuses à pentes généralement presque insensibles et sur d'immenses étendues qui, dans la saison chaude, ainsi que l'a judicieusement fait remarquer mon confrère M. Naudin, seraient de véritables foyers de pestilence. De plus, cette mer ne pouvant, comme le reconnaît M. Roudaire, subvenir à l'immense évaporation de sa surface que par la rapidité du courant qui devrait s'y établir de la Méditerranée vers ses plages occidentales, serait, pour me servir de l'expression caractéristique de M. Naudin, un immense *fleuve à rebours*. Le courant accumulerait incessamment sur les plages de la partie occidentale, c'est-à-dire de la partie algérienne de la mer, des vases et des détritus de toutes sortes. Ces alluvions fétides, qui pénétreraient dans les ravins, les ravines et les dépressions aboutissant au Chott, formeraient partout barrage à l'écoulement des eaux pluviales, ainsi qu'à celui des eaux des canaux d'irrigation, des puits effondrés, etc.

4° *La nouvelle mer projetée assurerait-elle la sécurité complète de l'Algérie, en permettant à nos troupes de débarquer au sud de Biskra ?*

Pour démontrer que, loin d'assurer la sécurité de nos possessions en Algérie, la mer intérieure la compromettrait et serait même un danger permanent pour la domination française, il suffira de rappeler que l'entrée de cette mer et la plus grande partie de son étendue seraient situées en Tunisie et que nous n'en posséderions guère que la partie occidentale. La nouvelle mer devrait même être l'objet d'une surveillance incessante pour empêcher l'introduction des marchandises étrangères qui inondent déjà les marchés du sud et surtout la contrebande de guerre, d'autant plus redoutable qu'elle se produirait chez des populations dont la soumission est rendue plus difficile par le voisinage immédiat de la frontière et l'éloignement de nos établissements militaires importants.

En résumé, aucun des avantages attribués à la création de la nouvelle mer n'a été sérieusement établi et les centaines de millions que l'on consacrerait à l'entreprise seraient dépensés en pure perte pour l'intérêt général. Je n'hésite même pas à dire que si cette mer existait, elle serait un tel danger pour les intérêts français, qu'il faudrait la combler.

Pour nouer des relations commerciales avec l'est du Sahara et attirer les caravanes dans la partie méridionale de la province de Constantine, ce qu'il faudrait surtout, c'est creuser des puits, créer des oasis ou faire des plantations qui serviraient de lieu de halte et de campement sur la route du Souf à Ghadamès et établir des postes qui assureraient la sécurité de cette route trop souvent exposée aux incursions des maraudeurs. Le prolongement du chemin de fer de Constantine jusqu'à Biskra, et de là jusqu'à Tougourt et El-Oued, serait le complément le plus utile de l'ensemble des progrès déjà obtenus et de ceux dont la réalisation serait bien loin d'entraîner, comme la création de la mer intérieure, d'énormes sacrifices sans compensation réelle.

PRINCIPALES PUBLICATIONS DE L'AUTEUR

SUR

L'ALGÉRIE, LA TUNISIE ET LE MAROC.

Rapport sur un voyage botanique en Algérie, d'Oran au Chott El-Chergui, entrepris, en 1852, sous le patronage du Ministère de la Guerre; publié dans les *Annales des sciences naturelles*, 1853.

Flore d'Algérie, Phanérogamie, Groupe des Glumacées (seu Descriptio Glumacearum in Algeria nascentium) en collaboration avec M. Durieu de Maisonneuve, faisant partie de l'*Exploration scientifique de l'Algérie*, publiée par ordre du gouvernement. 1 vol. grand in-4°, avec 104 pages d'introduction, Imprimerie nationale, 1854-1867.

Note sur les cultures des oasis des Ziban (en collaboration avec M. P. Jamin); publié dans le *Bulletin de la Société botanique de France*, 1855.

De la culture du Dattier dans les oasis des Ziban (en collaboration avec M. P. Jamin); publié dans le *Bulletin de la Société botanique de France*, 1855.

Liste des plantes observées par M. le docteur V. Reboud dans le Sahara algérien en 1855 et Notes sur les espèces nouvelles ou rares recueillies dans le même voyage; publié dans le *Bulletin de la Société botanique de France*, 1855.

Note sur des espèces nouvelles d'Algérie; série d'articles publiés dans le *Bulletin de la Société botanique de France* de 1854 à 1875.

Rapport sur un voyage botanique en Algérie, de Philippeville à Biskra et dans les Monts Aurès, entrepris, en 1853, sous le patronage du Ministère de la Guerre, avec une carte botanique et forestière; publié dans les *Annales des sciences naturelles*, 1856.

Itinéraire d'un voyage botanique en Algérie, exécuté, en 1856, *dans le sud des provinces d'Oran et d'Alger,* sous le patronage du Ministère de la Güerre ; publié dans le *Bulletin de la Société botanique de France* en 1857 et 1858.

Sertulum Tunetanum ou Notes sur quelques plantes rares ou nouvelles recueillies en 1854 *par M. L. Kralik dans le sud de la régence de Tunis* (en collaboration avec M. L. Kralik); série d'articles publiés dans le *Bulletin de la Société botanique de France,* 1857.

Liste des plantes observées par M. le docteur V. Reboud dans le Sahara algérien pendant l'expédition de 1857 *de Laghouat à Ouargla :* publié dans le *Bulletin de la Société botanique de France,* 1857.

Lettre sur un voyage botanique, exécuté, en 1858, *sous le patronage du Ministère de la Guerre, dans la partie saharienne méridionale des provinces de Constantine et d'Alger ;* publié dans le *Bulletin de la Société botanique de France,* 1858.

Observations barométriques recueillies par MM. P. Marès, E. Cosson et L. Kralik dans les diverses stations visitées par eux en 1858, *pendant les mois d'avril, mai et juin, dans la partie saharienne des provinces de Constantine et d'Alger, et à Oran, Biskra et Laghouat, par MM. Aucour, Schmitt et Bertrand, et altitudes déduites de l'ensemble de ces observations, calculées par MM. E. Cosson et L. Kralik,* 1858, brochure autographiée, in-4°.

Considérations générales sur le Sahara algérien et ses cultures ; publié dans le *Bulletin de la Société zoologique d'Acclimatation,* 1859, lu à la troisième séance publique annuelle de la Société.

Note sur un voyage dans la Kabylie orientale et spécialement dans les Babor, exécuté, en 1861, sous le patronage du Ministère de la Guerre ; cette note fait partie de la *Notice sur la vie, les recherches et les voyages botaniques de H. de la Perraudière,* publiée dans le *Bulletin de la Société botanique de France,* 1861.

Sur l'acclimatation de la Carpe et de la Tanche dans les eaux douces de l'Algérie ; note publiée dans le *Bulletin de la Société zoologique d'Acclimatation,* 1862.

Considérations générales sur l'Algérie étudiée surtout au point de vue de l'acclimatation ; publié dans l'*Annuaire de la Société zoologique d'Acclimatation pour* 1863.

Explication des figures de l'Atlas de la Flore d'Algérie, faisant partie de l'*Exploration scientifique de l'Algérie,* texte rédigé pour la Phanérogamie en commun avec M. Durieu de Maisonneuve. Grand in-4°, Imprimerie nationale, 1868.

Catalogue des plantes observées dans la Kabylie du Djurdjura (en collaboration avec M. A. Letourneux), faisant partie de l'ouvrage de MM. A. Letourneux et Hanoteau intitulé *La Kabylie et les coutumes Kabyles,* publié sous le patronage du Gouvernement, 1872.

Sur la géographie botanique du Maroc; publié dans les *Comptes rendus de l'Académie des sciences,* 3 mars 1873; même article publié dans le *Bulletin de l'Association scientifique,* XI, n° 279.

Note sur la géographie botanique du Maroc; publié dans le *Bulletin de la Société botanique,* XIX, mars 1873.

Species novæ Maroccanæ, sectio prima; publié dans le *Bulletin de la Société botanique de France,* 1873.

Note sur le projet d'une mer intérieure en Algérie; publié dans les *Comptes rendus de l'Académie des sciences,* séance du 17 août 1874.

Note sur l'acclimatation de l'Eucalyptus Globulus; publié dans le *Bulletin de la Société de géographie,* juin 1875.

Index plantarum in imperio Maroccano australi recentius a cl. Balansa et ab indigenis duobus lectarum; publié dans le *Bulletin de la Société botanique de France,* 1875.

Réponse à la dernière communication de M. Roudaire sur le projet de création d'une mer saharienne; publié dans les *Comptes rendus de l'Académie des sciences,* séance du 2 juillet 1877.

Troisième note sur le projet de création d'une mer saharienne; publié dans les *Comptes rendus de l'Académie des sciences,* séance du 30 juillet 1877.

Notes sur la flore de la Tunisie, sur la flore de la Cyrénaïque et de la Tripolitaine, sur la flore du Maroc; publié dans la *Végétation du globe* par M. A. Grisebach, traduction de M. P. de Tchihatchef, II, p. 150-156, 1877.

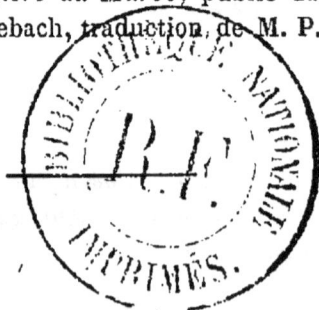